国家出版基金项目
NATIONAL PUBLICATION FOUNDATION

有色金属理论与技术前沿丛书

云南老君山矿集区成矿模式及找矿预测模型

ON THE METALLOGENIC MODEL AND PROSPECTING PROGNOSIS OF THE DEPOSIT-ACCUMULATED AREA IN LAOJUNSHAN, YUNNAN

王雄军　彭省临　杨　斌
张建国　梁恩云　张建东　著

内容简介

Introduction

该专著系作者近年来承担云南华联锌铟股份有限公司项目“老君山矿集区寒武系地层变质作用及其与成矿关系研究”的部分成果。本书系统介绍了老君山矿集区的地质背景和矿床地质特征，以活化构造成矿理论及成矿系列理论为指导，以老君山矿集区内不同类型矿床成矿地质地球化学特征、矿床成矿作用以及控矿因素等方面的研究为切入点，结合区域成矿演化背景分析，总结矿床成矿的时、空分布规律、划分矿床成矿系列、建立成矿演化模式，并采用地、物、化、遥多种新技术和多元成矿信息综合集成开展隐伏矿定位预测研究和示范，以期在新的层面上进一步深化老君山锡锌矿的成矿与找矿理论研究，指导该区的地质找矿预测和隐伏矿定位预测实践。本书可供有色金属矿床研究、找矿预测和生产单位的技术人员和相关专业大专院校师生使用。

作者简介

About the Author

王雄军，男，1979年生，2008年毕业于中南大学，获工学博士学位，现为中南大学讲师，任地质资源系副主任。主要从事矿床学、大地构造与成矿学、矿床定位预测、勘查学等方向的教学和科学研究工作。先后参加和完成科研项目20余项，发表学术论文40余篇，出版学术专著3部，获省部级科技奖励3项。

彭省临，1948年生，工学博士，教授，博士生导师。1991年被授予"作出突出贡献的中国博士学位获得者"称号，1993年起享受政府特殊津贴。主要从事矿产普查与勘探、成矿学与成矿预测等方面的教学和科研。主要研究方向：成矿学与矿床定位预测。曾兼任中国地质学会理事、中国有色金属学会地质专业委员会副主任、湖南省地质学会常务理事、湖南省矿物岩石地球化学学会副理事长和《矿床地质》《高校地质学报》《大地构造与成矿学》《矿产与地质》等期刊编委。作为课题负责人主持承担了国家"九五""十五""十一五"科技攻关项目和国家"973"(前期)研究项目6项；教育部高校博士点基金或重点项目3项；横向科研项目15项。已出版学术专著8部；发表学术论文130余篇；获省部级科技奖励10项。

杨　斌，男，1965年生，博士，中南大学副教授。主要从事深部矿体定位预测、多元信息找矿预测、热液矿床成矿作用等方向的教学和科学研究工作。先后参加和完成科研项目30余项，发表学术论文50余篇，出版学术专著4部，获省部级科技奖励5项。

学术委员会

Academic Committee

国家出版基金项目
有色金属理论与技术前沿丛书

总序

Preface

当今有色金属已成为决定一个国家经济、科学技术、国防建设等发展的重要物质基础，是提升国家综合实力和保障国家安全的关键性战略资源。作为有色金属生产第一大国，我国在有色金属研究领域，特别是在复杂低品位有色金属资源的开发与利用上取得了长足进展。

我国有色金属工业近30年来发展迅速，产量连年来居世界首位，有色金属科技在国民经济建设和现代化国防建设中发挥着越来越重要的作用。与此同时，有色金属资源短缺与国民经济发展需求之间的矛盾也日益突出，对国外资源的依赖程度逐年增加，严重影响我国国民经济的健康发展。

随着经济的发展，已探明的优质矿产资源接近枯竭，不仅使我国面临有色金属材料总量供应严重短缺的危机，而且因为“难探、难采、难选、难冶”的复杂低品位矿石资源或二次资源逐步成为主体原料后，对传统的地质、采矿、选矿、冶金、材料、加工、环境等科学技术提出了巨大挑战。资源的低质化将会使我国有色金属工业及相关产业面临生存竞争的危机。我国有色金属工业的发展迫切需要适应我国资源特点的新理论、新技术。系统完整、水平领先和相互融合的有色金属科技图书的出版，对于提高我国有色金属工业的自主创新能力，促进高效、低耗、无污染、综合利用有色金属资源的新理论与新技术的应用，确保我国有色金属产业的可持续发展，具有重大的推动作用。

作为国家出版基金资助的国家重大出版项目，《有色金属理论与技术前沿丛书》计划出版100种图书，涵盖材料、冶金、矿业、地学和机电等学科。丛书的作者荟萃了有色金属研究领域的院士、国家重大科研计划项目的首席科学家、长江学者特聘教授、国家杰出青年科学基金获得者、全国优秀博士论文奖获得者、国家重大人才计划入选者、有色金属大型研究院所及骨干企业的顶尖专家。

国家出版基金由国家设立，用于鼓励和支持优秀公益性出版项目，代表我国学术出版的最高水平。《有色金属理论与技术前沿丛书》瞄准有色金属研究发展前沿，把握国内外有色金属学科的最新动态，全面、及时、准确地反映有色金属科学与工程技术方面的新理论、新技术和新应用，发掘与采集极富价值的研究成果，具有很高的学术价值。

中南大学出版社长期倾力服务有色金属的图书出版，在《有色金属理论与技术前沿丛书》的策划与出版过程中做了大量极富成效的工作，大力推动了我国有色金属行业优秀科技著作的出版，对高等院校、研究院所及大中型企业的有色金属学科人才培养具有直接而重大的促进作用。

王淀佐

2010年12月

前言

本书的选题来源于云南华联锌铟股份有限公司立项开展的“云南马关老君山锡锌多金属成矿区控矿条件、成矿规律与勘查靶区优选”研究项目。专著内容主要涉及区域成矿条件，典型矿床特征及成矿作用，区域成矿规律与成矿模式。以老君山矿集区内不同类型矿床成矿地质地球化学特征、矿床成矿作用以及控矿因素等方面的研究为切入点，结合区域成矿背景分析，总结矿床成矿的时、空分布规律、划分矿床成矿系列、建立成矿演化模式，并采用地、物、化、遥多种新技术和多元成矿信息综合集成新方法开展隐伏矿定位预测研究。

研究工作主要从以下几个方面展开：

(1)都龙老君山矿集区沉积建造特征、地层地球化学及其控矿性研究，矿集区构造演化特征研究。

(2)都龙变质岩区岩石分类，各类变质岩的岩石学及岩石化学特征，原岩恢复及与成矿的关系研究。

(3)矿集区岩浆活动分析，燕山期花岗岩产出特征、岩石学特征、岩石化学特征以及花岗岩与成矿关系分析。

(4)矿床稳定同位素特征分析，花岗岩、围岩、矽卡岩稀土元素特征分析，微量元素特征及各种统计方法的应用研究，尤其是传统统计方法与多重分形方法的应用以及成矿流体包裹体成分分析。

(5)矿床成矿系列的划分及主要矿床类型分析、多因复成成矿机制、成矿演化模式以及矿床空间定位综合模式研究。

(6)老君山遥感信息解译及找矿远景分析。

(7)老君山数字矿山空间信息成矿预测模型的建立和评价研究，包括模型的设计、模型的应用以及利用 BP 人工神经网络的评价，成矿信息有利单元的划分和成矿预测模型的实现。

研究工作经历了从2005年至2007年两年的野外工作和室内测试鉴定与综合研究，累计完成典型矿床解剖9个，采集岩矿综合研究样品192件，室内开展光、薄片鉴定80件，岩石化学全分析8件，岩石微量元素和稀土元素分析125件，单矿物电子探针分析14件，矿物流体包裹体成分分析8件，地球化学剖面32 km，遥感蚀变信息提取与统计1680 km^2。

通过研究取得的主要成果和认识如下：

(1)通过对矿集区内各种构造交汇格局、构造形迹及其配套构造的发育特征分析，全面系统地阐明了不同构造演化阶段及构造体系的发展、演化特征，指出老君山穹隆、文山－麻栗坡断裂及马关－都龙断裂对成矿具有重要的控制作用。

(2)在因子分析、聚类分析的基础上，应用多重分形方法对老君山矿集区17个微量元素进行分形统计，根据分维数 b_2 的大小，将元素分为三类。Ⅰ类中 b_2 值小于2，包含了As、Co、Bi元素；Ⅱ类 b_2 值范围为2～3，包含Sn、Ag、Zn、Pb、Cu、W元素，是主要成矿元素；Ⅲ类 b_2 值大于3，包含了Mn、Sb、Mo、Ti、V、Ni、Cr、Hg元素，并指出从分形曲线的拐点和间断性也可以判断矿区存在多期次成矿活动。

(3)在详细研究矿床的同生与后生特征的基础上，通过与国内外同类矿床的对比分析，并按成矿演化的时、空分布特征以及矿床的主导成矿作用，将老君山矿集区内矿床成矿系统划分为三大成矿类型：①喷流沉积－变质改造－岩浆热液叠加富集型；②高温岩浆热液类型；③燕山晚期中低温热液型。突破了传统的“唯花岗岩成锡”的观点，拓宽了找矿思路。

(4)从成矿系列研究出发，依据矿床成因及矿物组合特征，将老君山矿集区内所有矿化类型进行了重新分类，划分出七种与成矿类型相联系的矿床，即：层状锡石－硫化物矿床；层状锡多金属矿床；层状钨多金属矿床；长英岩脉型锡钨矿床；长英岩型锡钨矿床；石英脉型锡钨矿床；似层状铅锌矿床。各种类型矿床成矿地质条件、成矿作用、控矿规律以及地球化学特征等也在本书中得到了详细的研究。

(5)将矿床成矿作用与壳体大地构造(递进)演化－运动相联系，详细阐述了老君山矿床成矿的多大地构造演化阶段、多成矿物质来源、多控矿因素、多成矿方式以及多种成矿作用的五“多”

特点。建立了完整的矿床多因复成成矿(递进)演化综合模式,并分析了矿床多因复成成矿作用的内在机制。

(6)应用遥感信息提取技术对老君山地区进行遥感线性信息解译和矿化蚀变信息提取,进一步分析了老君山矿集区遥感信息成矿规律以及构造与蚀变的分形特征,并将其与其他地区线性构造对比,推测老君山矿集区断裂分形结构偏于复杂,活动性偏强,成矿规律更为复杂。

(7)利用空间分析方法和信息统计单元方法对老君山矿集区进行了数字矿床空间信息成矿预测模型的研究。研究得到了每个网格信息单元的成矿有利度,按成矿有利度(f)0.5、0.6和0.7为异常分界点,对找矿预测单元进行了分级,可分为3级,即A级、B级和C级,其中A级预测单元($f>0.7$)为成矿条件最有利、找矿标志明显、并具有寻找大型多金属矿床的潜力的单元;B级预测单元($0.7 \geq f > 0.6$)为成矿条件比较有利、找矿标志较明显、具有寻找中型多金属矿床的潜力的单元;C级预测单元($0.6 \geq f > 0.5$)为成矿条件较一般、但仍有找矿可能、具有寻找小型多金属矿床的潜力的单元。

(8)为了检验矿床空间信息成矿预测模型的有效性,引入BP人工神经网络对成矿有利区进行评价。评价模型反演结果发现网络学习效果好,输出的值与期望的值满足评价要求,表明利用BP神经网络进行成矿有利区评价是可行的,从而也说明空间信息成矿预测模型得到的成矿有利度是正确的,成矿预测单元的划分是合理的。

研究工作由杨斌、彭省临负责,野外工作和室内资料整理由杨斌、王雄军、梁恩云完成;参加野外工作和室内资料整理的还有张建国、赖健清、胡荣国等。全书最后由王雄军、杨斌和彭省临统稿并完成定稿。

野外及研究工作得到云南华联锌铟有限公司、西南有色地质勘查局317队等单位的大力支持和协助;室内工作得到中南大学地球科学与信息物理学院、有色金属成矿预测与地质环境检测教育部重点实验室(中南大学)、有色金属地质调查中心、中国有色桂林矿产地质研究院有限公司等单位测试部门的支持和帮助;著作中还大量引用了前人的研究方法、研究资料和成果。本书的出版得到中南大学创新驱动项目的资助。在此一并表示诚挚的谢意!

作者于2016年3月

目录

Contents

第 1 章　绪论

1.1　选题依据及研究意义

老君山锡锌多金属矿集区已发现的锡锌多金属矿(床)点达数十个，其中曼家寨、铜街矿床已达大型、超大型规模，它们均分布在老君山岩体周围强烈变质变形带中，矿体多呈层状或似层状产于中寒武统田蓬组受变质岩中。这些矿床的形成和定位究竟受哪些因素控制？它们与地层沉积成矿作用、变质变形作用及花岗岩热液成矿作用的关系等关键性问题至今尚未进行过详细研究，直接影响到对本区已有矿山深边部以及外围找矿潜力的评价和找矿靶区的确定。

为确保“云南华联锌铟股份有限公司可持续发展矿产资源战略”的实施，云南华联锌铟股份有限公司立项开展“云南马关老君山锡锌多金属矿集区控矿条件、成矿规律与勘查靶区优选”研究，并委托中南大学承担其中“老君山矿集区寒武系地层变质作用及其与成矿关系研究”课题。

本书作为“老君山矿集区寒武系地层变质作用及其与成矿关系研究”课题的一部分。以活化构造成矿理论及成矿系列理论为指导，以老君山矿集区内不同类型矿床(体)成矿地质地球化学特征、矿床成矿作用以及控矿因素等方面的研究为切入点，结合区域成矿演化背景分析，总结矿床成矿的时、空分布规律、划分矿床成矿系列、建立成矿演化模式，并采用地、物、化、遥多种新技术和多元成矿信息综合集成开展隐伏矿定位预测研究和示范，以期在新的层面上进一步深化老君山锡锌矿的成矿与找矿理论研究，指导该区的地质找矿预测和隐伏矿定位预测实践。

1.2　老君山锡锌多金属矿集区研究现状评述

1.2.1　老君山锡多金属矿集区研究现状

都龙老君山矿集区具有悠久的采铜历史，现今仍遗留有少量小规模炉渣[1]。矿集区于 1956 年经群众报矿，由云南有色地质局 308 队开展普查找矿，首次发现了北起花石头，经铜街、曼家寨、辣子寨，南至南当厂，长约 9 km 的锡、锌、铜、铅矿化带，从而揭开了地质找矿的序幕。1957 年 9 月至 1962 年底云南有色地质勘查局310队、1970年12月至1973年308队、1978年至1989年317队分别进行了物化探普查及详查工作(见表1-1)。

20世纪90年代以来，许多学者从不同角度对老君山矿集区进行了深入广泛的研究。其中忻建刚等[2]、官容生[3,4]、薛步高[5]、陈吉深等[6]及杨世瑜[7]对本区花岗岩的特征及其与成矿的关系进行了研究；曾志刚等[8]、刘玉平等[9]对矿区层状矽卡岩及其与成矿关系进行了研究；吕伟等[10]、张世涛等[11]及郭利果[12]对本区变质作用及其生成时代等进行了研究；颜丹平等[13]、刘玉平等[14]、王义昭等[15]及杨世瑜[16]对矿区构造及其与成矿关系进行了研究；宋焕斌等[17,18]、刘玉平等[19,20]、周建平等[21,22]、罗君烈[23,24]、付国辉[25,26]、张世涛等[27]、戴福盛[28]、吴根耀等[29]、晏建国[30]、史清琴[31]、范成均[32]、杨世瑜[33]、张志信等[34]对矿床分布规律、成矿系列以及矿床成因等进行了广泛研究；罗鉴凡[35]、刘玉平等[36]、锺大赉等[37]、夏萍等[38]、周祖贵[39]、李文尧[40]、杨学善，秦德先等[41]对矿区同位素地球化学、岩石矿物、成矿预测等进行了广泛研究。

表1-1 调查区地质研究史

序号	工作时间	工作单位	工作性质	主要成果
1	1964	云南省地质局区测队	区域地质调查	1∶100万凭祥幅地质图说明书
2	1976	云南省地质局二区测队	区域地质调查	1∶20万马关幅区域地质调查报告
3	1980	云南省地质局第二地质队	水文地质普查	1∶20万马关幅区域水文地质调查报告
4	1962	云南有色地质勘查局310队	普查	云南省麻栗坡县瓦渣含铍花岗伟晶岩矿床评价报告
5	1962	云南有色地质勘查局310队	普查	云南省麻栗坡县南秧田矽卡岩白钨矿床普查评价报告
6	1984	云南有色地质勘查局317队	勘探	云南省马关县都龙锡锌矿区铜街矿段勘探报告
7	1996	云南有色地质勘查局区调所	普查	云南省麻栗坡县大丫口绿柱石(祖母绿)矿产普查报告

1.2.2 以往研究中存在的主要问题

尽管前人对都龙老君山矿集区有过较多的研究，取得了一些重要的成果，但仍存在不少值得深入研究之处，诸如成矿来源、矿床成因、成矿演化模式以及成矿构造背景和成矿预测等问题。这些问题主要表现在以下几个方面：

(1)都龙老君山矿集区的矿床成因历来就颇有争议，其成因观点主要有如下

3 种：①岩浆热液成矿（黄廷燃[42]、李家和[43]、彭程电[44]、汪志芬[45]、伍勤生等[46, 47]、姚金炎[48]、於崇文等[49]、张志信等[50]）；②热水沉积—热液改造成矿（周建平等[21, 22]）；③沉积—变质—热液改造成矿（刘玉平等[19, 20]）。

（2）在成矿物质来源方面，仍然争议较大。一些学者认为成矿金属主要来源于基底前寒武系变质岩和老君山花岗岩；硫主要来源于中寒武世热水沉积期还原的海水硫酸盐和深部岩浆房，同时，燕山期老君山花岗岩为后期叠加成矿作用提供了硫源，变质围岩也提供了一部分成矿物质。另一部分学者认为燕山晚期花岗岩浆热液是主要的物质来源，都龙矿区的矿质来源及成矿母岩是花岗岩。

（3）随着近几年矿床的开采和研究程度的加深，矿集区露天开采已经揭露出许多同生或准同生硫化物矿石组构或矿物学特征，但仍未引起足够重视和深入研究。例如层状、似层状矿体与围岩往往同步褶曲，且与围岩界线清晰，围岩蚀变弱或无蚀变；矿体中常见顺层发育的由硫化物纹层与碳酸盐岩或火山岩纹层互层产出构成的纹层状、波纹状构造，以及沉积滑脱变形构造和顺层发育的蜂窝状构造，并见有胶状黄铁矿、鲕状黄铁矿等。

（4）在成矿预测方法方面也存在明显不足，尤其是随着非线性统计学、空间统计学、计算机技术、空间信息学以及其他相关学科的交叉渗透，成矿预测评价已经由传统的定性预测评价发展为现在以模型为基础的定量预测评价，由传统的简单类比发展为现在以复杂地学综合数据的挖掘和融合为主的地学综合信息的利用。这也是目前国际矿床地质、数学地质、勘查地质、勘查地球化学、勘查地球物理、遥感信息等地学领域中倍受关注的研究领域。但这些方法在本区研究甚少。

1.3　研究内容及工作量

1.3.1　主要研究内容

针对都龙矿集区多年来地质研究工作中存在的薄弱环节，尤其是争议最大的矿床成因、成矿大地构造属性等问题，结合近几年来在该区科研找矿工作中所观测、收集到的最新资料以及室内测试分析结果，本书以多因复成成矿理论（地洼成矿理论）为指导，按成矿时空演化的思路，系统地分析了都龙及邻域壳体大地构造演化运动特征；对不同类型矿床成矿地质条件、矿床成因、控矿规律以及地球化学特征等进行了详细的研究，并在此基础上开展成矿系列研究，建立更加完善的矿床成矿演化模式，以期进一步深化理论认识，以此为指导，优选找矿潜力靶区，应用地、物、化、遥等综合手段，开展综合信息成矿预测工作。具体内容包括：

（1）都龙老君山矿集区沉积建造特征、地层地球化学及其控矿性研究，矿集区构造演化特征研究。

(2)都龙变质岩区岩石分类，各类变质岩的岩石学及岩石化学特征，原岩恢复及与成矿关系等研究。

(3)矿集区岩浆活动分析，燕山期花岗岩产出特征、岩石学特征、岩石化学特征以及花岗岩与成矿关系特征分析。

(4)矿床稳定同位素特征分析，花岗岩、围岩、矽卡岩稀土特征分析，微量元素特征分析及各种统计方法的应用研究，尤其是传统统计方法与多重分形方法的应用以及成矿流体包裹体成分分析。

(5)矿床成矿系列的划分及主要矿床类型分析、多因复成成矿机制、成矿演化模式以及矿床空间定位综合模式研究。

(6)老君山遥感信息解译及找矿远景分析。

(7)老君山数字矿山空间信息成矿预测模型的建立和评价研究，包括模型的设计、模型的应用以及利用 BP 人工神经网络的评价，成矿信息有利单元的划分和成矿预测模型的实现。

1.3.2 完成的工作量

自 2005 年 6 月至 2007 年，笔者作为主要成员先后多次同课题研究组成员一起前往老君山矿集区进行实地调研，累计工作时间超过 100 天，分三阶段开展了资料收集、综合分析研究和编写报告等工作(见表 1－2)。

表 1－2 实物工作量一览表

序号	工作内容	单位	工作量	备注
1	地球化学剖面	km	32	共 7 条剖面
2	岩、矿石标本采集	件	192	铜街—曼家寨、新寨、南秧田、坝脚等
3	野外地质现象拍摄	张	238	铜街—曼家寨、新寨、南秧田、富宁等
4	岩矿鉴定	件	80	薄片 45 件，光片 15 件
5	显微照相	张	252	光、薄片及包体片
6	硅酸盐全分析	件	6	花岗岩 1 件，矽卡岩 3 件，片麻岩 2 件
7	稀土元素分析	件	13	花岗岩 2 件，矽卡岩 4 件，围岩 7 件
8	岩、矿石微量元素分析	件	112	测试元素 17 个
9	矿物流体包裹体成分分析	件	8	石英样品 7 件，萤石样品 1 件
10	单矿物电子探针分析	件	14	透辉石 7 件，绿泥石 7 件
11	遥感蚀变信息提取与统计	km^2	1680	线性构造、硅化、铁化、泥化
12	数据分析和数据成图	机时	600	

(1)选题设计阶段：结合课题研究的内容，检索查阅和综合分析了与研究区相关的国内外研究文献、论文、专著等500余篇(份、部)，并制定了详细的野外、室内工作计划。

(2)野外工作阶段：实际野外调研分两个阶段实施，第一阶段于2006年11—12月开展，具体工作包括勘探线剖面踏勘、地表蚀变构造调研、矿点调查；第二阶段野外工作于2007年10—11月完成，主要针对研究工作中的关键性问题和第一阶段野外工作的不足，补充开展了调研和资料收集。具体工作量见表1-2。

(3)室内研究及撰写阶段：主要开展了岩矿鉴定、硅酸盐全分析、稀土元素和微量元素分析、矿物流体包裹体成分分析、单矿物电子探针分析等测试，并开展了矿区地球化学数据统计、多重分形、遥感解译以及矿床空间定位预测等方面的研究，取得了丰富的第一手资料。在此基础上完成了本书的撰写。

1.4 主要研究成果与认识

本书以都龙老君山区域成矿背景，研究领域的最新进展和老君山锡锌矿集区研究中存在的问题为切入点，引入多因复成、多重分形、信息统计单元、成矿有利度等概念，应用岩石学、矿物学、岩石地球化学、构造地球化学、微量元素地球化学、稀土元素地球化学、同位素地质学、遥感地质学以及分形几何学、BP人工神经网络等多学科知识与现代地学前沿理论，对老君山成矿地质条件、矿床稳定同位素、稀土和微量元素及包裹体成分特征、矿床成矿系列、矿床多因复成成矿机制与成矿演化模式以及数字矿床空间信息成矿预测模型进行了深入研究。本书的研究成果与创新认识主要体现在以下几个方面：

(1)通过对矿集区内各种构造交汇格局、构造形迹及其配套构造发育特征的研究，全面系统地分析了不同构造演化阶段及构造体系的发展、演化特征，其中以老君山穹隆、文山—麻栗坡断裂及马关—都龙断裂最为重要，对该区成岩及成矿作用具有明显控制作用。

(2)在因子分析、聚类分析的基础上，应用多重分形方法对老君山矿集区17个微量元素进行分形统计，根据分维值 b_2 的大小，可以把元素分为三类。Ⅰ类中数值 b_2 小于2，包含了As、Co、Bi元素；Ⅱ类 b_2 值范围在2~3之间，包含Sn、Ag、Zn、Pb、Cu、W元素，是主要成矿元素；Ⅲ类数值 b_2 大于3，包含了Mn、Sb、Mo、Ti、V、Ni、Cr、Hg元素。从分形曲线的拐点和间断性也可以判断矿区存在多期次成矿活动。

(3)在详细研究矿床的同生与后生特征的基础上，通过与国内外同类矿床的对比分析，并按成矿演化的时、空分布特征以及矿床的主导成矿作用，将老君山矿集区内矿床系统地划分为三大成矿类型：①喷流沉积—变质改造—岩浆热液叠加富集成矿类型；②高温岩浆热液类型；③燕山晚期中低温热液成矿类型。突破了传统的“唯花岗岩成锡”的观点，拓宽了找矿思路。

(4)从成矿系列研究出发，依据矿床成因及矿物组合特征，将老君山矿集区内所有矿化类型进行了重新分类，划分出七种与成矿类型相联系的矿床，即：层状锡石－硫化物矿床；层状锡多金属矿床；层状钨多金属矿床；长英岩脉型锡钨矿床；长英岩型锡钨矿床；石英脉型锡钨矿床；似层状铅锌矿床。并对各种类型矿床成矿地质条件、成矿作用、控矿规律以及地球化学特征等进行了详细的研究。

(5)首次将矿床成矿作用与壳体大地构造(递进)演化－运动相联系，详细阐述了老君山矿床成矿的多大地构造演化阶段、多成矿物质来源、多控矿因素、多成矿方式以及多种成矿作用的特点。建立了完整的矿床多因复成成矿(递进)演化综合模式，分析了矿床多因复成成矿作用的内在机制。

(6)首次在老君山矿区应用遥感信息提取技术，对老君山地区进行遥感线性信息解译和矿化蚀变信息提取，进一步分析了老君山矿集区遥感信息成矿特点以及构造与蚀变的分形特征，并将其与其他地区线性构造对比，认为老君山矿集区断裂分形结构偏于复杂，活动性偏强，成矿更为复杂。

(7)首次利用空间分析方法和信息统计方法对老君山矿集区进行了数字矿床空间信息成矿预测模型的研究。研究得到了每个网格信息单元的成矿有利度，按成矿有利度(f)0.5、0.6和0.7为异常分界点，对找矿预测单元进行了分级，预测单元可分为3级，即A级、B级和C级，其中A级预测单元($f>0.7$)为成矿条件最有利、找矿标志明显、并具有寻找大型多金属矿床的潜力的单元；B级预测单元($0.7\geqslant f\geqslant 0.6$之间)为成矿条件比较有利、找矿标志较明显、具有寻找中型多金属矿床的潜力的单元；C级预测单元($0.6\geqslant f\geqslant 0.5$)为成矿条件较一般、但仍有成矿可能、具有寻找小型多金属矿床的潜力的单元。

(8)为了检验矿床空间信息成矿预测模型的有效性，引入BP人工神经网络对成矿有利区进行评价。评价模型反演结果发现网络学习效果好，输出的值与期望的值满足评价要求，表明利用BP神经网络进行成矿有利区评价是可行的，从而也说明空间信息成矿预测模型得到的成矿有利度是正确的，成矿预测单元的划分是合理的。作者在这些认识的基础上对老君山矿集区进行了找矿预测综合评价。

第 2 章　研究领域综述

2.1　活化构造成矿学理论研究综述

活化构造成矿学从 1956 年陈国达先生创立地洼学说之日起开始萌芽[51, 52]，后经扩充并系统化。它将大地构造与成矿作用紧密结合，从地壳大地构造演化与运动递进发展规律的新角度，阐明与之同步的成矿作用也依从和遵循递进发展演化的客观规律，为探索地壳中矿产形成与产出的时空定位规律，以及有效地指导找矿，开辟了新的思路。

2.1.1　活化构造成矿学理论的形成

1956 年，陈国达在《地质学报》上发表《中国地台“活化区”的实例并着重讨论“华夏古陆”问题》这篇奠基性论文，论述了中国地台“活化”的事实，打破了传统的“槽 - 台”学说的思想束缚，揭开了活化构造学说这一大地构造新理论的序幕，被国际上公认为是“活化构造及成矿理论在中国诞生的标志”。1959 年，陈国达又进一步针对“槽 - 台”说的缺陷，创造性地提出地壳的第三基本构造单元——地洼区的概念[53]，论证了地壳发展演化的一般规律——地壳动“定”转化递进律[54]。此后，陈国达陆续发表了一系列论（著）文，阐述了活化区成矿的多样性和综合性[55]，从地壳动“定”转化递进的角度，论证了矿产形成的继承性和专属性，创立了成矿构造学[56, 57]、构造地球化学[58]、壳体大地构造与成矿学以及多因复成成矿[59 - 64]等新的衍生学科和研究领域，对造盆作用和超大型矿床进行了系统研究[65, 66]，并以活化构造理论为指导编制了《亚洲陆海壳体大地构造图》[67]和《中国成矿大地构造图》[68]，提出“地幔蠕动热能聚散交替假说”[69]。

2.1.2　活化构造成矿理论组成内容

活化构造成矿理论，是一种建立在大地构造学理论与方法的基础上，探究地壳矿产的形成机理和时空分布及其历史演化规律性的成矿学理论[70 - 72]。就目前的发展来看，活化构造成矿理论的研究内容主要体现在以下几个方面：

（1）大陆地壳新型成矿构造单元——后地台活化造山成矿区即活化（地洼）成矿区。

(2)地壳成矿演化的动“定”转化递进成矿论。

(3)多因复成矿床及其构造类型。

(4)壳体大地构造与成矿学。

(5)地幔蠕动热能聚散交替假说。

此外，近年来正在形成且尚待充实和完善的相关衍生学科包括壳体大地构造学、构造地球物理学以及壳－幔成矿学等。

2.1.3 活化构造成矿理论研究的若干重要进展

活化构造成矿学的主要进展主要在于活化构造成矿理论阐述了成矿构造与地壳演化的一般规律之间的关系。大地构造单元对矿产的控制和改造，特别是多因复成矿床理论的提出是对现代成矿学的一个重大贡献。该理论在我国华南的贵金属、有色金属矿产成矿规律研究中得到了进一步的应用和发展，特别是在构造与金成矿研究和应用中取得了许多重大突破。如中南大学彭省临、刘亮明等应用活化构造成矿理论在铜陵凤凰山矿区已发现新的铜资源量和后备基地；原中科院长沙大地构造研究所黄瑞华等在锡矿成矿预测与找矿中，按照矿床多因复成理论和构造成矿作用的认识，指出中国东南地洼区仍存在着寻找锡矿的巨大前景，并在香花岭矿区指导发现了新而富的多个锡铅锌矿体，扩大了矿区远景。此外，彭省临、戴塔根主编的《地洼学说研究与应用》以及陈国达等著的《活化构造成矿学》从不同侧面反映了现今活化构造的理论研究及应用成果[73-83]。

在深部地质研究方面，许多地球物理和地球化学学者对中国中生代含油气盆地的研究，给地幔蠕动、热能聚散交替假说提供了佐证，揭示了中国大地构造演化和构造活动强度与中国区域深部地质作用过程的密切关系。地壳及上地幔中低速、高导层多分布于目前尚处于地洼剧烈期的中国西部，反映了地洼剧烈期的深部地质特征。如：刘代志在《论壳体的地球物理研究》[84]一文中讨论了各种地球物理方法在壳体研究中的应用及成果，拓宽了活化构造理论研究深部地质过程的视野。

对中—新生代岩浆岩的构造－地球化学研究说明：地洼区的形成演化与来源于地幔的碱性玄武岩浆同下地壳发生作用有关[85-87]。地幔来源的轻而热的地幔物质聚集于地壳下部形成壳－幔混熔层，地壳均衡隆起，导致了岩石圈内界面的拉伸滑动；由于地壳块体的不均匀性，造成了各种类型的地洼盆地。这些研究成果进一步论证了地幔蠕动、热能聚散交替过程是大地构造演化和构造单元转化的主要因素。

原中科院长沙大地构造研究所对中国东部的东亚壳体的结构、深部的物质交换与能量转换作用过程，构造热演化及动力学模拟，进行了详细研究；中南大学地洼成矿学研究所彭省临对湘南地洼型多因复成铅锌矿形成机理也进行了详细研究，从时、空、物、因等多维空间，探讨了湘南多因复成铅锌矿的形成过程，提出了湘南地洼型多因复成铅锌矿形成过程概念模式和形成模式图[88]；戴塔根对澳大利亚维多利亚州金矿的大地构造成矿学特征及其与中国的金成矿特征进行了对比研究[89]；中国科学院广州地化所为纪念陈国达院士，特把《大地构造与成矿学》2005 年第一期作为专集出版，收录了陈国达院士的科研成果和国内一些专家对地洼学说的最新认识和应用[90-95]。

2.2 成矿系列研究现状及发展趋势综述

矿床成矿系列研究是当代矿床学研究的发展趋势和矿床学研究的前沿内容之一[97,98]。矿床系列研究扩大了人们的思维和想像空间，不但能较全面地认识不同地质单元中一系列矿床时空演化规律和形成过程，而且对矿产勘查工作起到了重要的指导作用[100-108]。

这一领域的研究已初步建立了成矿系列的层次和分类方案，并研究了成矿系列内部结构特征，成矿系列间的关系，建立了成矿系列模式，在应用成矿系列理论、成矿预测和找矿评价方面取得了初步成效[109-113]。

2.2.1 成矿系列概念的有关问题

成矿系列的概念起源于矿床成因系列与岩石建造的一致性研究，目前公认的真正具有理论和实践意义的矿床成矿系列概念，是由我国地质学家程裕淇、陈毓川等于 20 世纪 70 年代后期首次提出的[114]。

随后，程裕淇、陈毓川等于 1983 年[115]又发表《再论矿床的成矿系列问题》的文章，进一步补充了矿床成矿系列概念。此后，不少学者对成矿系列概念做了进一步注释，深入探讨了有关成矿系列的问题。如：章崇真[116]（1983）认为成矿系列是“由两个或更多的不同矿种（或矿石相）或不同类型的矿床组成，它们形成于同一成矿期，具有相似的矿质来源，经历了相似的富集途径，只是由于主要控矿因素的演化或成矿环境的差异而形成的一系列具有一定生成顺序和分布规律的矿床，在空间上紧密伴生，构成一个成矿系列”。

翟裕生等[117]（1987）对成矿系列研究后，认为成矿系列指的是一个理想的矿床组合（相当于构造型式），因此，强调矿床成因与岩石建造的联系，提出“成矿系列是与同一建造有成因联系的各种成因类型矿床构成的四维整体”。

雷新民[118]（1989）指出成矿系列在成因上具有矿质多来源性，认为“成矿系列是指产出在一定地质单元内，受一定地质作用所制约，在时间上多期演化，在空间上复合共生，在成因上矿质多来源的一组矿床”。

郑明华（1988）[119]则认为“成矿系列也称矿床组合，系指在一定的地质环境中形成的，在时间、空间和成因上有密切联系的一组矿床类型，它们常由一种或数种成矿元素组成，且包括两种以上的矿床成因类型，当强调矿床各类型之间的时间关系时，通常又将它们称为成矿序列”。

王润民[120]（1988）将成矿区内矿床系列理解为：某种地质事件直接影响下，发育在一定区域内不同的地质构造格局中的，有相同或相似的地球化学特征和共同成因联系的若干成矿类型在空间上的组合分布。

吕志成等[122]（2000）将成矿系列理解为同一种元素或相关一组元素以多种成因类型在同一地区出现的一系列矿化，多种成因矿化之间彼此有生成联系，是同一种成矿作用在不同的空间部位、不同的构造和围岩条件下形成的不同形式的矿化。

成矿系列的理论研究已渐趋成熟，并在找矿实践中发挥着越来越大的作用。但是，仍存在以下几个方面的问题需要深入研究和统一。

（1）成矿系列的概念、定义不统一；

（2）对成矿系列的划分原则和依据不统一；

（3）对于多成因叠加改造矿床的系列问题看法不统一；

（4）关于成矿系列的级别序次划分不统一；

（5）目前的成矿系列研究工作较偏重于内生金属矿床；

（6）成矿系列研究中的建造分析不够彻底。

2.2.2 成矿系列理论研究的基本思路及研究内容和方法

成矿系列理论目前仍处于不断发展阶段。因此，依据前人的研究成果，仅就成矿系列研究的基本思路、成矿系列的分类问题、成矿系列的结构、成矿系列间的关系以及成矿系列与含矿建造、构造环境间的关系等内容及其研究现状进行归纳总结。

1）成矿系列研究的基本思路

就目前公开发表的有关成矿系列的文献[123-133]来看，矿床成矿系列研究着重以区域构造-地球化学为环境背景，以构造-成岩-成矿作用为统一体系、以矿床的时空演化为主线（四维结构），研究一定区域范围内与一定的成矿事件有关的、在不同演化阶段、不同控矿条件下形成的各类型矿床之间在时、空、物、成因等方面的关系，研究这些矿床的总的区域成矿背景及其发展历史，研究各种控矿因素（包括地质构造、沉积建造、岩浆岩、变质作用等）的相互联系和相互作用。

2）成矿系列的分类问题

1983 年程裕淇等[125]提出了矿床成因类别的 4 级分类方案，即成矿系列组合、成矿系列、成矿亚系列、矿床类型。1994 年陈毓川[131]在此基础上，又增加了三个层次，即矿床成矿系列类型、矿床、矿床成因类型。

翟裕生[102]（1992）认为除了岩浆、沉积、变质三大岩类的岩石建造及有关成矿系列外，自然界中尚存在与水热流体成因蚀变岩建造有关的热液成矿系列和与风化岩石建造有关的成矿系列。

翟裕生等(1996)[125]在上述矿床成矿系列组合中，共分出 42 个成矿系列。其中除金属矿床、能源矿床系列外，还列举了重要的非金属成矿系列。又相应地补充了两个成矿系列组合——热水沉积成矿系列组合和生物成矿系列组合[134]。

何建泽(1994)[135]按照矿床形成过程中的主导地质作用，将湖南省内的银矿床和伴生银矿床划分为与岩浆侵入作用有关的成矿系列和与沉积－成岩作用有关的两个成矿系列；罗均烈(1995)[133]对云南矿床成矿系列进行了详细研究；代双儿(2001)[136]从板块构造演化与成矿作用时空分布和演化序列的关系方面，探讨了甘蒙北山地区铜多金属矿床成矿系列。

因此，正确地划分成矿系列，无论是对于了解成矿系列的成因联系和成矿作用的本质，还是用来指导找矿，都具有重要意义。

3)成矿系列的内部结构

2003 年翟裕生等将矿床系列的内部结构概括为成矿系列的物质结构、成矿系列的空间结构和成矿系列的时间结构三个方面[137]，其中：

(1)成矿系列的物质结构是指矿源供应、矿化强度、矿种、矿床类型和规模等的有序配置。具体内涵见表 2－1。

表 2－1　成矿系列的物质结构(各矿种、矿床类型之间的物质关系)

结构性质	内涵	典型事例	矿床实例
同源性	一个成矿系列中不同类型矿床具有全部或大部分相同的物质来源	绿岩带中石英脉型金矿和构造蚀变岩型金矿	招远金矿
多样性	同一成矿系列中各成矿元素组合的多种多样	如热液型 Cu，Mo，Fe，Au 系列中的 Cu－Mo，Cu－Fe，Cu－Mo－Fe，Cu－Au 等元素组合	鄂东—九瑞矿带的铜山口、铜绿山、城门山、武山等
继承性	在成矿演化过程中，主成矿元素(组合)具有一致性，即继承演化关系	富镁碳酸盐型成矿系列中的菱镁矿转化为滑石、水镁石	辽宁海城
互补性	成矿物质在一个系列内各矿床类型间的数量分配关系及主要成矿元素间数量消长关系	铜陵矿集区中主要铜矿量产在层控矽卡岩和矽卡岩型矿床中，其他矿床类型则少；丰山洞 Cu－Au 矿田中在不同矿床中 Cu、Au 具此消彼长关系	铜陵和鄂东的 Cu、Au 矿床

据翟裕生等，2003。

(2)成矿系列的空间结构指矿床在空间上的有序分布，即成矿要素、成矿强度的空间分布、变化及所形成的矿化分带和矿化网络。它是由成矿要素、成矿方式、成矿强度及其他控矿因素的空间分布和变化所决定的。成矿系列的空间结构特征如表2－2所示。

(3)成矿系列的时间结构指成矿作用过程和矿化阶段，见表2－3。

表2－2　成矿系列的空间结构(各矿种、矿床类型的空间关联)

结构性质	内涵	典型事例	矿床实例
共生性	成矿系列内不同类型矿床、矿种间的共生，常与某一地质体相伴	花岗闪长斑岩内外的斑岩型、矽卡岩型	铜山口(Cu，Mo)
分带性	不同矿种、矿床类型在空间上有序分布	围绕次火山岩体Cu，Au，Pb，Zn矿等成带状分布	银山(Pb，Zn，Ag，Au，Cu)
过渡性	成矿系列内各矿床类型或矿种在空间上的过渡关系	矿浆－热液型过渡型铁矿	大冶灵乡(Fe)
集约性	矿床系列中各矿床之间的排列的紧密程度(与松散性相对应)	高：较小空间汇集巨量多矿种矿石；低：沉积成矿系列	柿竹园(W，Sn，Mo，Bi)
重叠性	成矿系列内不同矿床类型在同一空间的重叠交叉关系	晚期矿浆贯入型叠加在早期浸染型矿体之上	河北大庙(Fe，Ti，V)

据翟裕生等，2003

表2－3　成矿系列的时间结构(各矿种、矿床类型之间的时间关系)

结构性质	内涵	典型事例	矿床实例
时限性	一个成矿系列的形成局限在一定的时段，系列内部各类型矿床或矿种间可有早晚的差别	玢岩铁(硫)系列中：早期Fe(V，Ti)；中期Fe，S；晚期Cu，Au	招远金矿
阶段性	成矿过程中因某一(些)要素的显著变化而表现出阶段性，导致矿种或矿化类型的差别(脉动性)	如因温度变化而形成高温热液、中低温热液阶段	热液矿床 铁山、铜绿山
渐进性	成矿过程是缓慢渐进的，作用过程漫长	沉积成矿，风化成矿	滨海砂矿 风化矿床(Ni)
突发性	成矿作用是突发的，成矿过程短暂	火山喷溢、陨石撞击	拉科铁矿 肖德贝里(Ni,Cu)

据翟裕生等，2003。

4)成矿系列间的相互关系

翟裕生等[125](1996)初步提出过不同的成矿系列之间存在以下几种关系：其

中包括共存关系、物质来源、时间交替、分裂、复合与叠加的关系。

5）成矿系列与含矿建造、构造环境问题

岩石建造是有成因联系的岩石的共生组合体，通过建造分析，可以恢复和识别成矿环境及其演化历史。建造分析在成矿系列理论研究中越来越受到广大地质学家们的重视[138, 139]。

2.2.3　成矿系列研究的重要进展

自程裕淇等(1979)[114]提出矿床成矿系列概念至今，成矿系列研究普遍受到矿床地质学家们的关注，从现有资料的总结来看，这主要表现在以下两个方面：

(1)成矿系列概念及理论在找矿工作中的应用方面，成矿系列理论被广泛应用于一些重要成矿区带的找矿研究中，包括南岭、长江中下游、西南三江、桂北、阿勒泰、秦岭等地区，进行了比较深入的矿床成矿系列的研究，建立了一批可供参考的典型例子。

如：陈毓川、裴荣富等(1980—1985)[140, 141]应用矿床成矿系列概念，对南岭地区与花岗岩有关的有色、稀有金属矿床，开展了矿床成矿规律的研究，提出了与花岗岩类有关的 5 个矿床成矿系列，首次编制了南岭地区成矿系列图；翟裕生等[123, 129, 142, 143](1985，1990，1992)在研究长江中下游地区铁铜矿床时，对成矿系列的结构、成矿模式等进行了多次探讨，建立了长江中下游地区与燕山期火山－侵入活动有关的铁、铜等矿床的成矿系列；叶庆同、石桂华等（1991）[144]研究了西南三江成矿带的矿床成矿系列，建立了 11 个矿床成矿系列、16 个亚系列，并编制了三江地区成矿系列图；陈毓川、毛景文等(1993)[145]在桂北地区进行了从元古宙至燕山期的成矿研究，确定了各地质历史阶段的 5 个矿床成矿系列，并且探讨了它们的时、空及成矿物质的演化规律，编制了区域成矿系列图。此外，对阿尔泰成矿带的成矿系列研究(叶庆同等，1998)[146]、对秦岭地区矿床成矿系列的研究(陈毓川，王平安等，1994)[147]以及全国非金属矿产成矿系列的研究(陶维屏等，1994)[148]，均取得了很好的成果。

(2)在成矿系列理论研究方面，矿床成矿系列概念随着研究工作正在不断地发展与完善，矿床成矿系列研究不断得到深化、成矿系列的理论研究不断丰富与提高。

如：矿床成矿系列组合，最初程裕淇等[114](1979)只划分出沉积成矿作用、变质成矿作用、岩浆成矿作用 3 个组合。而翟裕生等[125](1996)根据近几年的最新研究资料，认为热水沉积和生物作用是相对于岩浆、沉积、变质以外的系统，分别有其各自特征和成矿作用特点，形成相应的矿床，因此可分别分解出两个成矿系统，相应地补充了两个成矿系列组合，即热水沉积成矿系列组合和生物成矿系列组合；并在其专著《成矿系列研究》(1996)中，不但论述了成矿系列研究的基本问题、方法和特点，而且详细地论述了与同熔型花岗岩有关的成矿系列、重熔(S)型花岗岩有关的成矿系列、陆相火山－次火山岩系的金、铜、(银、铅、锌)成矿系列、与斜长岩－辉长岩有关的成矿系列、与古生代沉积盆地有关的成矿系列的特征和有关实例。王世称等[149](1994)依据矿床与矿产资源体两者之间界限的动态性[152]，认为矿产资源和矿床一样同样具有系列性，提出矿化系列的概念。在非金属矿床成矿系列的研究方面，陶维屏等[133, 140, 150, 151]、章少华[152, 153, 115, 138]、陈从喜[154, 155, 109, 119]等对非金属矿床成矿系列进行了系统的研究，根据非金属矿床成矿的特点，提出了非金属矿床成矿系列的定义和划分原则，划分了三大成矿系列31个非金属矿床系列。此外，李人澍[156](1991)、翟裕生[116](1992)、金伟[157](1993)、章少华[115](1993)、王世称[151](1994)、陈从喜[119](1998)等对综合成矿系列的研究方法和有关问题进行了专门讨论。

2.2.4 成矿系列研究的发展趋势展望

从长远的发展趋势上看，矿床成矿系列理论研究仍有许多方面有待深化，理论内容仍须进一步丰富和完善。

(1)成矿系列实质上是成矿系统与外部环境发生物质和能量的交换所形成的一系列矿产[158, 159]。

(2)成矿系列的内部结构、层次、分类方案，成矿系列之间的相互关系以及成矿系列与含矿建造、构造环境的关系问题将进一步查明和完善，以便人们更有效地应用成矿系列理论进行成矿预测和找矿评价。

(3)成矿系列研究将向更深层次上拓展，与区域壳－幔结构、岩石圈演化和成矿动力学研究相结合，拓展研究的深度和广度。

(4)新技术、新方法、新思维在成矿系列研究中将得到广泛应用。

(5)从矿带(区)、省(区)至全国建立矿床成矿系列系统，总结区域及全国的成矿规律；同时重视同国外重要成矿区(带)的对比分析，逐步地开展全球性的矿床成矿系列研究，探讨区域与全球的地质演化及其规律。

2.3 空间信息成矿预测理论综述

随着现代科技的迅速发展和人类对矿产资源需求的日益增长，找矿工作已由地表矿、浅部矿、易识别矿转向寻找隐伏矿、难识别矿，矿床综合信息成矿预测因此而成为成矿学研究领域中的前沿和热点[161－171]，成矿预测理论和方法也得到了迅速的发展。

於崇文[189－192]将复杂性理论及非线性科学与矿床地质学相结合，提出成矿动力系统在混沌边缘分形生长的成矿理论，认为成矿系统总体上是开放的、远离平衡的、时空延展的动力学系统。地洼成矿理论是陈国达创立并发展起来的成矿学理论[78-94]，用历史-因果论、发展演化与改造相结合的观点，研究地壳结构和演化规律。该理论在国内外成矿理论研究、地质找矿等方面得到了较广泛的应用。特别是"大地构造多阶段、多物质来源、多成矿作用、多成因类型和多控矿因素"的"五多"为特征的"多因复成矿床"理论的提出，使广大地质工作者耳目一新、走出了"单一成矿"理论的误区，在国内外矿床学研究领域取得了理论上的重大突破和实践上的丰硕成果。

成矿预测理论方面，相似类比理论是最重要和最基本的理论。自20世纪90年代以来，赵鹏大等[193-200]倡导以"求异"原理为基础，提出地质异常致矿的新的成矿预测理论。张均等[201-207]提出了应用成矿场理论和矿化时空结构分析方法进行隐伏矿体定位预测的基本思路。赵鹏大、王世称等[208-214]在矿产资源预测的多年科研实践中，基于地、物、化、遥等综合信息解译和有机关联的基础上，提出了综合信息矿产预测理论，通过综合信息找矿模型的建立，圈定最佳找矿有利地段。

在成矿预测方法上，模型预测方法一直占据主导地位，成矿预测方法的发展主要体现在模型的发展上。早期的概念模型和经验模型是以相似类比理论为基础，结合矿床学和成矿学的相关理论而建立起来的成矿预测模型。概念模型预测方法亦称矿床模型法，该方法代表性的研究工作主要有Cox、Singer、Hondgson、Wyborn等人的论著以及美国地质调查局1996年对美国境内距地表1km以上范围内的金、银、铜、铅、锌等矿产的估计[215-219]。典型代表是"三部式"矿产资源评价方法，该方法是在20世纪80年代开始的美国本土固体矿产资源评价计划中，由美国矿床学家D. A. Singer等人经十多年的研究和实践而提出来的[220-223]。模型找矿方法的发展趋势是将概念模型方法和经验模型方法有机地结合起来，强调找矿信息、找矿经验和找矿理论的融合[224-226]，利用地质、地球物理、地球化学、遥感以及矿床(点)的分布特征、矿床勘探史等多源信息，以矿床模型为前提，建立区域成矿与多元地质信息的定量预测模型，进行资源潜力的定量预测。数字矿床模型评价方法正是这种发展趋势的具体体现[227]。在我国，王勇毅等[228]参考"三部式"成矿预测方法的基本思路，以经验模型方法的多元信息综合评价为基础，以矿床模型和勘查数据共同驱动，初步建立起了中国铜矿的数字矿床模型。

目前国外隐伏矿预测的理论与方法研究，主要集中表现为两个方向[229-234]：其一是在深入研究成矿地质环境和成矿机制的基础上，建立不同层次的矿床勘查模型来指导找矿靶区优选和隐伏矿预测。美国学者S·亚当斯等以卡林型金矿为例，提出了隐伏矿预测的"资料—过程—准则"模型的思路与方法，导致了在已知矿带深部及外围找矿的重大突破。法国学者C. Castaing等开始研讨流变不均一性和力学不变性在脉状矿床定位中的作用。其二是强调综合应用地质和物化探方法，建立与“阶段—目标—方法”相匹配的“预测普查组合”来指导不同层次的隐伏矿预测和评价。

新技术、新方法和其他学科（如数学、非线性科学、GIS 等）的介入，使成矿预测方法得到了长足的发展。数学方法除了常规的多元统计方法之外，在成矿预测中运用较多的主要有：找矿信息量法、模糊数学方法、层次分析法、成矿有利度法、杨氏复杂矿床评价法等。

地理信息系统（GIS）主要研究将计算机技术和具有空间分布特征的地理数据相结合，通过对地理数据的管理和一系列空间分析操作，为地球科学、环境科学和工程设计等提供对规划、管理和决策等有用的信息[235-238]。地理信息系统[239,240]是在20世纪60年代，加拿大的 Roger F. Tomlinson 利用数字计算机处理和分析大量的土地利用地图数据的基础上提出的，并建议加拿大土地调查局建立加拿大地理信息系统（CGIS），以实现专题地图的叠加、面积量算等。与此同时，美国的 Duane F. Marble 利用数字计算机研制数据处理软件系统，以支持大规模城市交通研究，也提出建立地理信息软件系统的思想[241-243]。

GIS 具有强大的管理和分析空间数据的功能，因而在很多领域都得到了广泛的应用[244-253]，使人们认识到 GIS 在对地理信息的获取和应用方面的巨大作用。

在矿产资源评价领域，GIS 提供了在计算机辅助下对地质、地理、地球物理、地球化学和遥感等多源地学信息进行集成管理、有效综合和分析的能力，成为改变传统矿产资源评价方法的有力工具。它的应用始于 20 世纪 80 年代初[254-262]。加拿大地调所（GSC）在 20 世纪 80 年代后期开展了用 GIS 进行矿产资源潜力填图的研究。GSC 著名的地质统计专家 F. A. Agterberg 和 Graeme. F. Bonham-Carter 教授提出了利用条件概率与贝叶斯准则相结合的证据加权模型，实现二元模式图综合新方法，在矿产资源评价中首次将 GIS 的空间分析与定量模拟结合起来。Bonham-Carter 教授较先运用 GIS 多源信息综合分析技术进行火山块状硫化物矿床的评价。

在我国，国土资源部应用 GIS 进行矿产资源预测始于 20 世纪 80 年代中期。1986 年，由地矿部遥感中心主持，长春地院、中国地质大学、地矿部遥感所等单位参加，开展了“遥感图像与其他地学数据综合图像处理技术及应用研究”，系统地研究了地质勘查数字图像处理与综合的主要技术环节，并开发了多种图像软件包。“八五”期间，中国地质大学、北京物化探研究所、北京计算中心、成都理工学院等通过各种项目的实施进行应用 GIS 技术的综合成矿预测研究。国家“九五”地质科技攻关项目更是强调运用新技术、新方法开展研究，其中就包括 GIS 技术的应用。当前，国土资源部正在实施的新一轮国土资源大调查项目，强调以 GIS 技术为基础，实现矿产勘查跨世纪工程等主流程的信息化。

第 3 章　区域成矿背景

3.1　地理位置

云南老君山矿集区位于云南省东南部，行政区划跨文山壮族苗族自治州的马关、麻栗坡和西畴三县，南与越南接壤，地理坐标：东经 104°00′～105°14′，北纬 22°36′17″～23°17′。矿集区面积 5745 km^2，拐点坐标见表 3－1。

表 3－1　马关－麻栗坡锡钨铅锌矿集区拐点坐标表

序号	坐标	
	经度	纬度
1	105°14′00″	23°17′07″
2	105°14′00″	23°30′00″
3	104°47′05″	23°30′00″
4	104°00′00″	23°00′00″
5	104°00′00″	22°36′17″
6	105°01′10″	22°36′17″
面积	5745 km^2	

3.2　大地构造位置

云南都龙老君山锡锌多金属矿集区，是滇东南锡矿带上最重要的锡多金属矿集区之一，属于我国著名的南岭纬向成矿带的西延部分[263]。其大地构造位置位于东南地洼区、云贵地洼区、中蒙南北地洼区及滇西地洼区的交汇部位，属于中亚壳体与东亚壳体的过渡地带[62, 264]（图 3－1）。

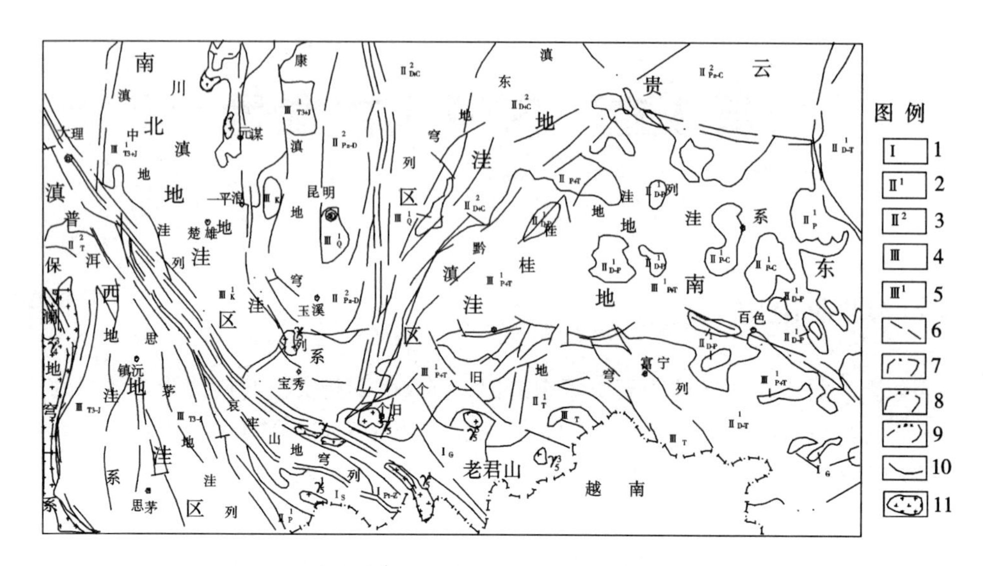

图 3-1　滇东南老君山锡锌矿集区大地构造位置示意图

（据陈国达等 1977 年《1∶400 万中国大地构造图》编制）

1—加里东褶皱区的地槽构造层；2—后加里东期地台区的地台构造层；3—后晋宁期地台区的地台构造层；4—中亚期地洼区的地洼构造层；5—华夏期地洼区的地洼构造层；6—断层；7—地洼区界；8—地洼系界；9—地洼列界；10—地层界线；11—花岗岩体

3.3　区域地层、构造、岩浆岩分布特征

3.3.1　区域地层分布特征

区内沉积岩广布，地层发育较齐全。除侏罗 - 白垩系缺失外，前寒武系至第四系均有出露。最大厚度可达 29600 m 以上，晚三叠世以前地层以海相沉积为主，以后则为陆相沉积。

本区最古老的地层是分布于区域南部的哀牢山群，为一套深变质岩，具有不同程度的混合岩化。其岩性层位与区域南部屏边一带的瑶山群以及滇中大红山一带的大红山群底巴都组、大理点苍山的苍山群及北部的元谋苴林群下部普登组相似，其形成时代为古元古代至太古宙。其中，元谋苴林群下部普登组相当于哀牢山群，路古模组以上层位相当于大红山群，两者之间为不整合接触[265]。

中元古代昆阳群广泛出露于区域北西部石屏—建水—牛首山一带，变质较浅，一般为以板岩、千枚岩为主的低绿片岩相。

新元古代震旦系出露于区域东部屏边—文山及个旧以西石屏—建水一带，东部屏边—文山一带的屏边群为一套冒地槽型细碎屑岩类，复理石韵律发育。该群上部与下寒武统为平行不整合接触，故其沉积时代为震旦系。区内显生宙地层剖面完整，层序清楚，化石丰富，沉积特征对比明显；屏边群底部为澄江组，以山间盆地或拗陷内的陆相灰紫－紫红色长石砂岩组成的一套磨拉石建造为主，并普遍存在底砾岩。澄江组之上大部分为稳定的滨－浅海相砂页岩和碳酸盐岩建造(表3－2)。

表3－2 滇东南地区晚震旦世以来地层对比表

地层	石屏—建水地区	个旧—开远地区	屏边—马关(红河以北地区)
T_3^2-Q	陆相长石石英砂岩、砂砾岩、泥质粉砂岩、泥岩，含煤层，局部夹石膏层。属华夏式建造		
	厚度 6379 m	厚度 1840 m	厚度 485 m
T_1-T_3^1	滨海—陆缘碎屑岩相砂岩、泥岩、泥质页岩及煤层。厚2032 m	滨浅海—浅海斜坡相碳酸盐岩夹玄武岩、凝灰岩。厚度>7000 m	滨浅海相碳酸盐岩，夹砂页岩、板岩及煤层。厚 6700 m
P_2		玄武岩加凝灰岩、凝灰角砾岩及玄武质火山碎屑岩。厚度>2000 m	含杏仁的透闪阳起片岩。厚度>1000 m
D-P_1	P_{1m}：玄武岩夹中酸性熔岩及灰岩透镜体。厚度>1853 m C_{1-2}：浅海相砂页岩、鲕状灰岩夹基性火山岩。厚 1230 m D：滨浅海相碳酸盐岩。厚度1650 m	海相碳酸盐岩为主。厚4870 m	浅海相碳酸盐岩为主，局部夹硅质页岩。厚度>2700 m
S	浅海—次深海相石英长石砂岩夹泥页岩、泥质灰岩。厚1680 m		
O			
∈	浅海相碳酸盐岩、砂页岩。厚1200～2000 m	浅海相碳酸盐岩夹砂页岩。厚7200 m	次深海相细碎屑岩、碳酸盐夹火山岩、硅质岩。厚约8000 m
Z_2	灯影组、陡山沱组粉砂岩、白云岩。厚191 m		屏边群板岩、千枚岩、含砾绢云板岩及砂岩、粉砂岩。厚度>4292 m

注：竖线表示地层缺失或未出露； 波浪线表示不整合线。

3.3.2 区域构造系统

滇东南区域构造以不同方向的深大断裂十分发育为主要特征(图3－2)。这些断裂按其性质、规模及其发展演化活动程度，可分为两种类型：一类是长期演化活动的超壳型深大断裂，包括区域南侧的北西向红河断裂、哀牢山断裂，该组断裂形成于晋宁期，经多期次活动，控制着一系列岩浆活动；第二类为具有继承基底间歇性活动的同生大断裂，包括文山—麻栗坡断裂、北东向的师宗—弥勒断裂、南盘江断裂、北西向的石屏—建水断裂、南北向的小江断裂以及北东东向的蒙自—砚山断裂等，这些断裂可能形成于加里东期，在海西晚期或印支期再次开始活动，并在此后各构造演化期均有活动，具有继承性多期演化特点。

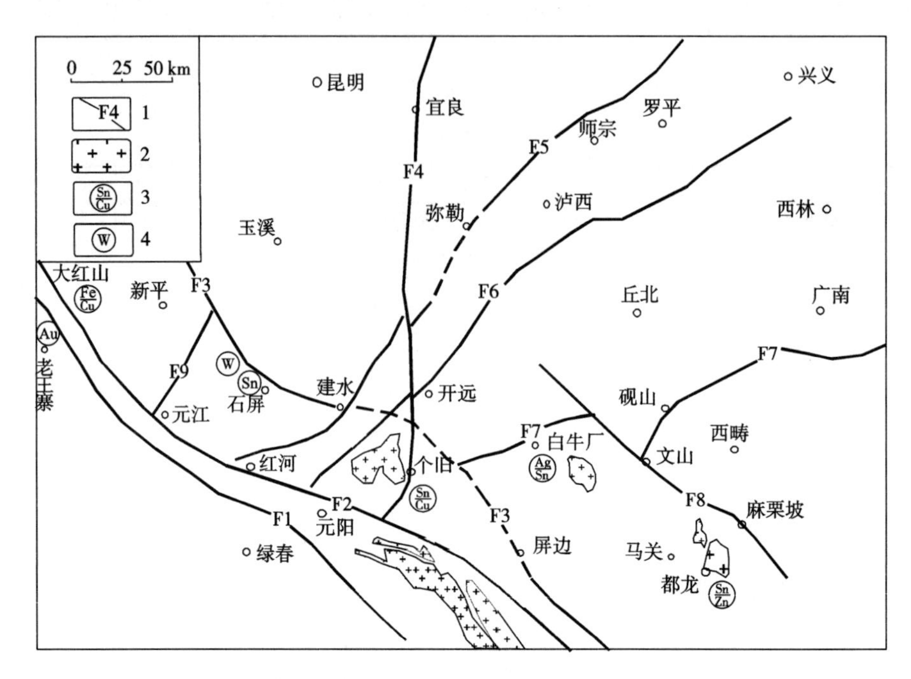

图 3-2 滇东南区域性构造、岩浆岩及主要多金属矿化集中区分布示意图

1—断裂及编号；2—燕山期花岗岩；3—大型多金属矿床；4—中、小型矿床；F1—哀牢山深断裂；F2—红河断裂；F3—屏建石断裂；F4—小江断裂；F5—师宗—弥勒断裂；F6—南盘江断裂；F7—蒙自—砚山断裂；F8—文山—麻栗坡断裂；F9—绿汁江断裂

上述不同期次不同方向的深大断裂长期演化活动与区域印支—燕山期变质作用、岩浆侵入活动及锡铜多金属矿化关系密切，从空间上和时间上直接控制了滇东南成矿带上三大著名的多金属矿化集中区，即老君山矿集区、个旧矿集区、薄竹山矿集区。

通过老君山矿集区及老君山邻近的深大断裂有北西向的文山—麻栗坡断裂、红河断裂、哀牢山断裂和石屏—建水断裂，北东向的蒙自—砚山断裂。这些断裂带在卫片影像图上大多表现出清晰的线性构造。此外，本区处于北纬22°以北，属于南岭纬向构造带的西延部分，但因受其他构造体系的干扰破坏，其东西向构造表现不甚明显，但据地球物理异常反映的深部构造及地面某些出露的基性岩脉带以及卫片解译结果，推测基底存在东西向隐伏断裂构造并穿过个旧矿集区。

(1)文山—麻栗坡大断裂：是矿集区规模最大的一条超壳断裂，具剪压性质，断层走向 N60°W，倾向 SW，倾角 60°以上，走向延长 180 km。该断裂自晚古生代至新生代具有继承性活动，对滇东南泥盆纪以后的地质发展、构造演化起到了严格控制作用。

(2)哀牢山断裂带：是从滇西北到滇东南斜贯云南的金沙江—哀牢山深断裂的南东段，断裂延长大于 700 km，走向 70°左右，其南东端延伸至越南境内。断裂总体表现为微向北东倾，具强烈平移剪切的特点。断裂带两侧岩层迥异，其北东侧为早元古界的深变质岩系——哀牢群，南西侧则为浅变质的古生界 - 中生界的浅变质岩系，两变质带间为宽达 1 ~ 3 km 的糜棱岩带。断裂带两侧沿构造侵位的超基性岩呈串珠状分布。有些地方尚见到具“剑鞘褶皱”及破碎或扭曲状的蓝闪石片岩。该断裂带区域布格重力异常、航磁异常及地球化学异常分解面重合，种种特征表明哀牢山断裂可能是一条海西晚期的俯冲断裂，晚三叠世前的印支运动产生逆冲推覆，燕山期再次逆冲推覆，最后发生平移剪切，显示出从一条深层次的超壳断裂逐步向浅部层次演化的特征，该断裂带的活动对滇东南锡矿带的岩浆 - 成矿活动有着重要的影响。

(3)红河断裂：位于矿集区的西部边界，该断裂也是都龙矿集区所处的右江盆地与哀牢山变质带的分界线，走向为北西 50° ~ 70°，延长大于 700 km，断裂倾向北东，倾角 60° ~ 80°，断裂南西侧主要为哀牢山变质岩系，北东侧出露中生界—新生界地层。根据两侧中生代及三叠纪早期地层的错移，推测其在印支期间曾发生过大规模左行走滑位移，根据新生代盆地沉积物的错移方向，反映了显著的右行走滑性质。

3.3.3　区域岩浆活动

区内岩浆活动具多期、多阶段特点，自晚古生代至第三纪的各主要构造活动时期，均有强度不等的岩浆活动。

前海西期岩浆活动强度不大；海西期岩浆活动以晚期基性夹酸性火山喷出岩为主，显示出双峰式火山活动特点。其中二叠纪玄武岩广泛分布于文山、建水、开远、金平、绿春、蒙自等地，玄武岩中常可见到工业意义不大的自然铜矿。印支期岩浆活动比较频繁，酸性侵入岩及基性喷出岩、侵入岩均有出露，主要沿红河深大断裂及小江断裂带分布，如个旧地区火山岩产于三叠系个旧组灰岩下部，火山岩总厚度达百余米，是个旧矿集区铜、金的重要矿源层。燕山期为本区最重要的岩浆活动时期，以中浅成酸性花岗岩浆侵入为主，其次为中性 - 基性 - 超基性侵入岩，碱性岩仅有零星分布，整个燕山期的岩浆活动形成了岩浆演化的完整系列[266, 267]，从基性、超基性到中性、酸性、碱性依次产出，广泛分布于马关、文山、个旧等地；同时出现与岩体空间关系密切的矿化集中区，因此，燕山期岩浆活动，对滇东南地区尤其是马关都龙地区的有色、稀有及稀土金属的矿化富集，有着极为重要的作用。喜山期岩浆活动大为减弱，局部地区有超基性—基性岩体及中酸性岩体分布。

3.4 区域壳体大地构造演化 - 运动特征分析

前文曾述及该区的大地构造属性及其演化的认识方面，长期存在不同的看法，并且有较大分歧。因此本书从沉积建造、岩浆建造、变质建造以及构造型相等宏观特征入手，结合前人的研究资料，运用历史 - 因果论壳体大地构造学理论与分析方法，详细研究了老君山及其邻区大地构造 - 演化运动特征。提出该区经历了前地槽、地槽、地台及地洼四个发展演化阶段的认识。其中前地槽构造层包括活动和稳定两种类型，具有面状分布特征，代表陆壳演化初期刚性较低的地壳特点；地槽构造层以罗平—开远—屏边一线分成东、西两部分，两者可能分属两个不同的壳体单元，西部以大红山群、昆阳群及澄江组磨拉石建造为代表，东部以屏边群及其上覆地层寒武系—下奥陶统为代表，前者火山活动强烈，具优地槽特征，而后者火山活动微弱，具冒地槽性质；地台构造层在本区东、西两部分发育时间不一致，但自泥盆纪开始显示两壳体基本拼合成一个稳定的整体，共同演化，并在地台发展余“定”期，由于印支运动影响，形成了活动性较强的北东向断拉谷；地洼演化阶段具有中亚壳体与东亚壳体过渡性特点，开始于晚三叠世中晚期，而激烈期自燕山中晚期一直持续到喜马拉雅期。

3.4.1 构造层的划分

1. 前地槽构造层

该构造层代表地层包括出露于哀牢山的哀牢山群、出露于屏边一带的瑶山群以及出露于大红山的大红山群老厂河组。同位素年龄 1700 ~ 2500 Ma，为云南省最古老的结晶基底。三者中哀牢山群层位最低，瑶山群相当于它的中下部，大红山群老厂河组处于其上，变质程度一般均高达绿片岩 - 角闪岩相。与哀牢山群可对比的同期地层主要分布于滇中、滇北至川南一带，通过对上覆地层的沉积特征及侵入岩中的包体特征分析，推测哀牢山群在研究区及邻域内呈面状广布[268]，据崔军文[269]对哀牢山群变质岩研究，恢复原岩为火山复理石建造，属于拉斑玄武岩和钙碱性系列岩石，因此，该构造层形成于活动的大地构造环境；而上部的大红山群老厂河组及其同期的元谋苴林群路古模组、凤凰山组及海资哨组，其原岩为石英砂岩 - 页岩 - 灰岩的原始海侵旋回[270]，发育复理石韵律，岩浆活动弱，该层位在川滇两省其他地区亦有所出露，可见其分布亦呈面状特征，说明该构造层形成于相对稳定的构造环境。

由于哀牢山群、瑶山群、大红山群老厂河组位于已知地槽构造层之下，因此，定为前地槽构造层。依据上述各构造层的分布特征、变形变质特征以及原岩建造特征分析推断：哀牢山群及其同期地层代表了原陆壳活动阶段构造层，而大红山群老厂河组及其同期地层代表了原陆壳“稳定”阶段构造层。

2. 地槽构造层

以构造层特征划分，本区地槽构造层以罗平—开远—屏边一线为界可划分为东西两个不同的区域：西部地段以大红山群老厂河组以上层位（坡头山组、肥味河组、红山组、曼岗河组）及昆阳群和下震旦统澄江组为代表，构造层顶部为澄江组陆相红色磨拉石建造（灰紫－紫红色中粒长石砂岩），并普遍存在底砾岩，厚度100～2000余米；澄江组以下昆阳群地层为一套厚度达万米以上的海底基性火山岩－细碧角斑岩和复理石建造，褶皱强烈并具广泛的低温区域动力变质现象，岩浆活动特点以大规模的基性火山喷发开始，演化到后期以酸性岩浆侵入活动为主，强度逐渐减弱。区域东部地槽构造层则以屏边群及其上覆下寒武统－下奥陶统为代表，屏边群为一套具冒地槽性质的沉积建造，与其上覆下寒武统呈平行不整合接触，其顶部为板岩、砂岩，中部为千枚岩及石英粉砂岩，下部为千枚岩含粉砂岩条纹及透镜体；其上覆地层依次为寒武系－下奥陶统细碎屑岩、碳酸盐及硅质岩类建造，下部具复理石韵律，中奥陶统－志留系地层缺失，因此，下泥盆统碳酸盐岩直接不整合覆盖于下奥陶统之上。

3. 地台构造层

本区地台构造层在罗平—开远—屏边以西始于澄江组之上的南沱组（上震旦统），以东（屏边一带）始于下泥盆统，两区自晚古生代起则逐渐接合，同步发展演化，直到上三叠统下部鸟格组止。地台构造层主要为一套巨厚的滨－浅海相碳酸盐岩沉积建造，局部夹杂有砂页岩，上部夹有多层玄武岩、凝灰岩岩层，其间除表现为两次大的沉积间断外，整个地台构造层内不存在明显的角度不整合面，反映本区在该阶段属于以整体周期性升降运动为主的稳定型沉积环境。而该构造层上部层位（C_2-T_2g）双峰式火山岩的出现，则标志着地台演化已进入“余定期”阶段。

4. 地洼构造层

上三叠统中部火把冲组（T_3h）地层在研究区内与其下伏地层呈假整合接触，岩性为紫红色、黄色砾岩、粗砂岩、砂岩、粉砂岩、炭泥质页岩，底部夹透镜状煤层，且厚度不稳定、变化较大，显示沉积建造为地洼初动期的华夏式建造类型——萍乡式亚建造；且自该层位往上，沉积建造均以陆相沉积为特征。这表明全区性构造抬升，地壳运动已开始进入地洼（地台活化）演化阶段。

因此，地洼构造层包括上三叠统中部火把冲组至第四系地层。区内该构造层出现多个间断或不整合面，全区大部分隆起为陆地，侏罗系地层除中、下统在绿春及石屏一带有出露外，其他地区普遍缺失，白垩系地层则全区缺失；地洼演化期间岩浆建造十分发育，以燕山期强烈的酸性岩浆侵入活动为主要特色。局部地带也发现喜山期强碱性火山活动，形成规模不大的白榴碧玄岩质及少量橄榄玄武岩质溢流，但此期构造活动不强烈，对区内成矿作用影响不大。

3.4.2 壳体大地构造演化 - 运动特征分析

壳体大地构造理论认为[60, 63, 91]：壳体是地壳形成和发展过程中的一个演化和运动的综合性超级构造单元，每个壳体都有自己的诞生、成长、运动、变化和发展的历史特点，壳体的演化，一般由未成熟逐步向成熟演变，由低级阶段向高级阶段推进。因此，依据上述各不同的构造层特征，按历史 - 因果论大地构造学理论分析认为，滇东南地区大地构造演化经历了如下几个阶段。

1）前地槽及地槽阶段

本区前地槽和地槽发展阶段始于早元古代吕梁运动，一直延续到中元古代晋宁运动后结束。

从构造层特征来看，前地槽活动阶段是在洋壳雏陆壳的基础上演化的，由于壳体刚性较弱，难以形成大的构造地貌反差，构造层呈面状分布。当时的沉积物质来源以火山物质为主，少量为正常沉积，沉积建造类型多为火山复理石建造；岩浆活动以基性火山活动为主；构造变形复杂，区域变质作用强，混合岩化强烈。经过吕梁运动后，构造层结晶固化，使壳体稳定性提高，进入前地槽“稳定”阶段，构造活动相对宁静，陆壳成熟度有所提高。

地槽阶段是壳体演化中的一个关键时期，经过这一时期，壳体由不成熟向成熟转化；壳体透入性降低，厚度增大，刚性增强。本区自罗平—开远—屏边一线以西，其代表地层昆阳群厚度愈万米，同位素年龄1700 ~ 1720 Ma，表面环境由深海→滨浅海→陆地演化，岩浆活动由幔源型（基性）过渡到壳源型（酸性），并逐渐减弱。晋宁运动使之强烈褶皱并发生广泛的低温区域动力变质作用，形成一套以千枚岩、板岩为主的岩石。昆阳群顶部的震旦系澄江组地层则是在地槽余动期进入准平原化阶段，在山间盆地或拗陷内形成的一套灰紫 - 紫红色磨拉石建造。而自罗平—开远—屏边以东的屏边一带的屏边群，及其上覆寒武系 - 下奥陶统地层则为岩性单一、厚度巨大、岩浆活动少见的冒地槽型复理石建造。这说明，滇东南地区东西两部分可能属于不同的壳体单元，具分异演化的特点。

2）地台阶段

本区地台演化阶段，在罗平—开远—屏边一线以西开始于晚震旦世早期，但区域东部屏边一带地槽活动则可能一直延续到志留纪末，后因加里东运动影响地壳抬升剥蚀而使下泥盆统地层直接不整合于下奥陶统之上。而泥盆系地层在整个区域内没有显著差别，说明滇东南地区分属于不同演化单元的东西两部分，在晚古生代初已经开始接合、同化，并以地台体制共同演化，直至晚三叠世早期结束，属于扬子古地台的边缘演化地段。

从本区地台构造层的建造特征分析可知：地台阶段的沉积环境主要以滨浅海相为主，其西面、南面分别为康滇古隆起及哀牢山—越北古隆起环绕；岩浆活动主要在局部地段沿深大断裂分布，但地台整体于二叠纪有大规模的基性火山活动，以海相喷发为主，其产物相当于四川峨眉山玄武岩，其顶部出现“红顶”，可能属于陆相喷发产物；变质作用微弱，仅出现于构造带附近；地壳活动主要以整体周期性升降为主，在地台发展的后期即余“定”期伴有地壳的水平拉张作用，地台构造层内未见不整合现象。

总体看来，本区地台演化阶段大部分时间内，构造活动强度不大，显示地幔活动处于休闲时期，地幔蠕动缓慢。说明壳体演化到地台阶段，整体性及稳定性较前地台阶段提高。因此，这一时期局部的活动现象只发生在构造薄弱地带。随着地台阶段的延续发展，地幔热能聚集越来越多，地幔活动加剧，进入地台演化的余“定”期。本区地台余“定”期始于早石炭世。最初热能以各种形式沿构造薄弱地带释放，引发岩浆活动及区域变质。晚二叠世，部分地区出现大量的海相及海陆交互相的双峰式火山喷溢活动，地壳普遍隆起而遭受短暂剥蚀，表明地幔活动加剧，区内地壳张裂活动开始。至早三叠世早期由于印支运动的影响，北东向南盘江断裂带活动加剧，受该断裂带活动的影响以及区域南部北西向哀牢山地块的限制，以个旧—开远一带为中心地壳迅速下降，形成平面上呈“L”形展布的断拉谷雏形(图3－3上)；而区域西部康滇古隆起仍保持稳定上升，说明壳体演化再度出现分异。至中三叠世，地壳拉张作用加强，具区域性的长期演化的同生断裂活动加剧，早三叠世早期形成的呈“L”形展布的断拉谷随之演化，以至沿个旧—开远为中心形成长槽状地带，该沉降带内沉降和补偿作用均十分发育，并沿此活动带伴有广泛的碱性玄武岩的喷发活动，形成以个旧—开远为中心的北东向断拉谷(或称凹拉槽)，该断拉谷演化至中三叠世活动加剧，沉积厚度巨大(图3－3下)。至晚三叠世中晚期，印支运动活动加剧，影响面更广，整个滇东南区域大面积隆起抬升，活动性质发生了质的变化，北东向个旧—开远断拉谷闭合，壳体演化进入地洼阶段。

3)地洼阶段

地洼演化阶段开始于晚三叠世中晚期(卡尼期至诺利期)。地洼初动期开始于晚三叠世中晚期至燕山早期，沉积环境由滨海过渡为陆地，沉积盆地不断缩小，岩浆活动弱，构造运动表现为整体缓慢隆升，伴随块断的差异升降，未发生不整合现象及区域变质作用。地洼激烈期相当于燕山中晚期至喜马拉雅期，构造运动非常强烈，主要表现在：地层普遍褶皱隆起；古构造断裂带重新继承活动；大量中、小型断裂和断裂带形成；旧盆地消失、新产生一些小型断陷盆地；岩浆

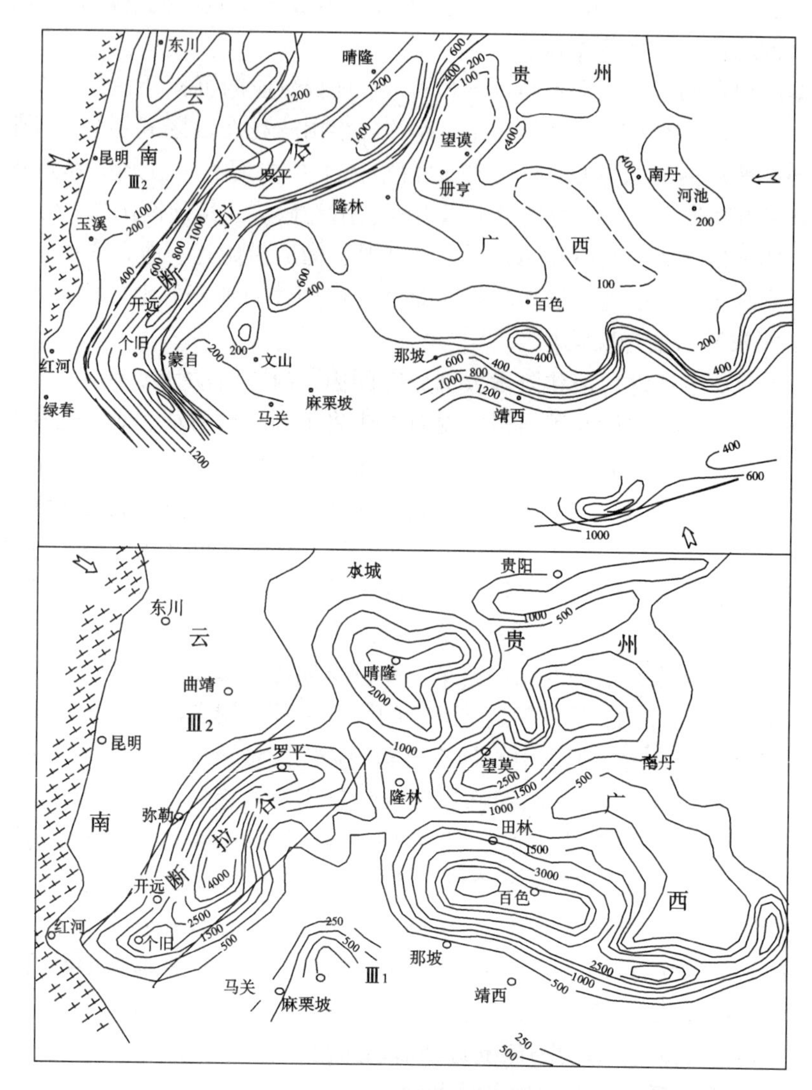

图3-3　滇东南印支期沉积厚度等值线及个旧—开远断拉谷示意图

（厚度等值线据南方石油地质勘探研究所修编，1980）

上图：早三叠世沉积等厚度线；下图：中三叠世沉积等厚度线

侵入活动频繁，局部地段发生变质和小规模的基性火山活动。这期间地台期形成的个旧—开远断拉谷被地洼构造作用所利用而再度活动，以酸性为主的侵入岩广泛侵入于盆地中心及其东南，因此形成了以断拉谷为基础的地洼型断陷盆地。

就矿化意义而言，区域上呈北西西向带状展布的老君山、白牛场、个旧三大重熔型花岗岩基便是燕山晚期即地洼剧烈期的产物，滇东南锡矿带上 Sn、W、

Cu、Pb、Zn等大型、超大型矿床的形成与该期岩浆热液活动关系密切；喜马拉雅期的地壳大幅度隆升、剥蚀，在滇东南各矿集区内普遍造成了第四纪以残坡积为主的规模不等的砂锡矿床。

从壳体演化、运动、发展及相互作用的角度来分析，本区地洼初动期由地台余"定"期过渡转化而来，由于壳体成熟度高，厚度及刚度大，抵御构造变形和破坏的能力增强，因此，壳体的整体运动特征明显，差异运动相对次要，只是继承古断裂带形成块状断裂，局部伴随岩浆活动；然而进入地洼激烈期，构造活动发生了突变。其根本原因除地幔蠕动提供的热能增加，使本区的大地热流增高以外，很可能与南亚壳体在古生代晚期同欧亚超级复式壳体接合之后继续挤压有关，两者的共同作用，引起本区强烈的构造运动。

总之，老君山及其邻域壳体从低级向高级的演化经历了前寒武纪至志留纪末的接合、泥盆纪—石炭纪同步演化、二叠纪—三叠纪边缘扩张分异以及地洼阶段共同活化等过程。说明该区大地构造演化史较为复杂，具有东亚与中亚两壳体演化的过渡性特征。

3.5　区域地球化学背景及地球物理场特征

3.5.1　区域地层地球化学背景

从全球锡矿分布特征来看，老君山—滇东南地区处于环太平洋锡矿带和特提斯锡矿带的交汇部位(图3-4)，这两大锡矿带在此处各自形成了最大的次级锡矿带，即滇东南锡矿带和东南亚锡矿带。前者滇东南锡矿带仅在200余公里长、50~100 km宽的矿带中就产出了老君山、个旧、白牛场等三个超大型Sn、Cu、Ag、Pb、Zn等多金属矿集区；而后者东南亚锡矿带，包括马来西亚、印度尼西亚、东澳大利亚及塔斯马尼亚等地，分布着众多的大型-超大型矿床，其储量占世界总储量的27%，长期以来一直是世界上最重要的产锡区。据张志信等[271]关于滇东南地区各时代地层——沉积岩系、火山岩系和变质岩系的元素丰度资料(见表3-2)，可以看出如下特征和规律：

滇东南地区各时代基底地层中大部分主要成矿金属元素背景含量均较地壳平均克拉克值高。其中哀牢山群、瑶山群中Sn、Pb的丰度值平均高于地壳克拉克值2~3倍，W、Mo丰度值大体与地壳克拉克值相当，Cu、Zn则略低；中元古代昆阳群中W、Pb的丰度值分别高于地壳克拉克值3.7、3.0倍，Sn、Cu丰度值分别高于地壳克拉克值1.25、1.30倍，但锌丰度值低于克拉克值；新元古代震旦系底部为澄江组，铜的丰度为357×10^{-6}，浓集系数达7.6，铅丰度为72.55×10^{-6}，浓集系数为4.5，Sn、Zn丰度略高于克拉克值。而出露于区域东部的屏边群Sn、

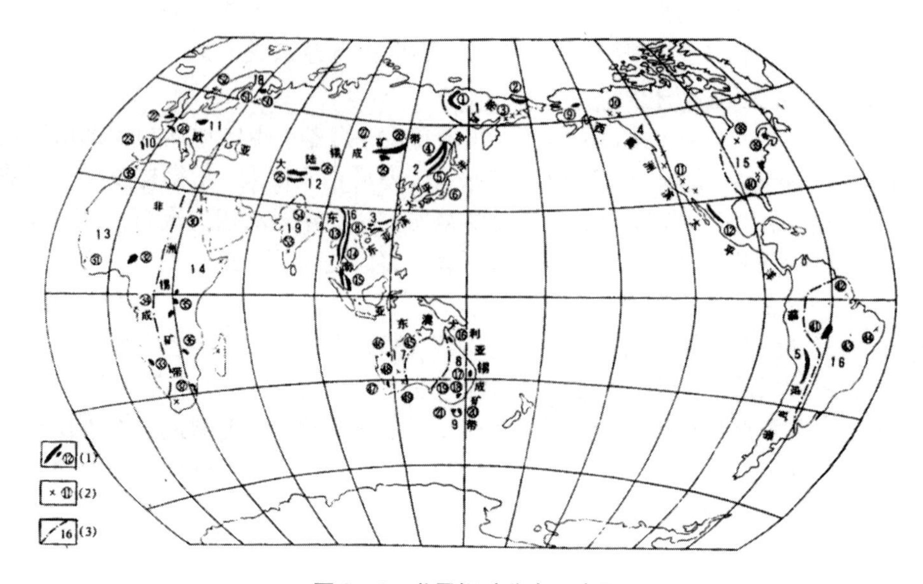

图 3－4　世界锡矿分布示意图

(1)重要锡矿；(2)小型锡矿产地；(3)一级锡矿带分界线

Pb 丰度分别比克拉克值高 1.7、1.5 倍。以上分析说明，个旧地区基底地层具有为上覆地层提供成矿物质的条件，可为锡多金属成矿提供一定物质来源。

此外，在震旦系底部澄江组以上较年轻的地层中，寒武－奥陶系富集 Sn、Pb；二叠系富集 Sn、W、Cu、Pb、Zn 等；三叠系碳酸盐岩层位中以 Pb 富集为特色，而 Sn、Cu、Zn 则低于地壳克拉克值，但一般均高于世界同类碳酸盐岩丰度，且不同层位差异较大，其中以中、下三叠统富集程度最大。

3.5.2　区域岩浆岩微量元素含量特征及变化规律

滇东南成矿带上与成矿作用关系密切的各时期酸性岩浆活动，主要分布在都龙老君山、个旧、薄竹山以及哀牢山、金平一带，这些酸性岩均沿北西向红河断裂带两侧分布，从表 2－3 统计结果可以看出，红河断裂以北个旧、薄竹山、都龙老君山三个花岗岩体 Cu、Pb、Zn、Ag、Sn、W 的含量普遍高于红河断裂以南哀牢山、金平花岗岩体中相应元素的含量，都龙老君山、个旧岩体的 Sn、W 含量又高于薄竹山岩体的含量。这方面显示了老君山、个旧比薄竹山更具有较大的 Sn、W 找矿前景，与目前实际地质情况较一致；另一方面个旧、薄竹山花岗岩体 Sn、W 含量明显高于地壳同类岩石的丰度，而与世界含锡花岗岩的 Sn、W 含量相类似 [Sn：$(40 \pm 20) \times 10^{-6}$，W：$(7 \pm 3) \times 10^{-6}$][272]。

表3-3 滇东南区域酸性岩微量元素含量统计表(单位：$w/10^{-6}$，Au：$w/10^{-9}$)

取样地点	岩性描述	代号	样数	微量元素含量									
				Au	Ag	Hg	As	Sb	Bi	Zn	Cu	Ti	Mn
老君山	二云母花岗岩	γ_5^3	74		0.11		44.3		6.36	36.4	21.7		
个　旧	黑云母花岗岩	γ_5^3	13		0.118		7.06	1.02	2.25	141.7	12.1		
薄竹山	黑云母二长花岗岩	γ_5^3	32	0.88	0.074	0.45	8.14	0.94	0.31	35.4	14.7	1347	367.6
金　平	花岗岩	γ_5^3	5	0.78	0.073	0.021	3.8	1.1	0.094	58	7.0	4164	540
哀牢山	角闪片麻花岗岩	γ_5^1	49	0.54	0.044	0.86	1.58	0.84	0.29	60.7	9.4	1554	590.3
金　平	花岗斑岩	γ_π	4	0.65	0.039	0.767	1.0	0.2	0.085	40	7.0	2076	644
地壳花岗岩类平均值(维诺格拉多夫 1962)				4.5	0.05	0.083	1.5	0.26	0.01	60	20	2300	600

取样地点	岩性描述	代号	样数	微量元素含量									
				Co	Ni	Cr	Pb	V	Sn	F	W	Mo	
老君山	二云母花岗岩	γ_5^3	74				24		53.0		16.8	6.7	
个　旧	黑云母花岗岩	γ_5^3	13	4.1		5.5	60.17		25.6		7.04	1.65	
薄竹山	黑云母二长花岗岩	γ_5^3	32	6.63	9.6	11.6	40.2	20.3	5.1	623	1.78	1.1	
金　平	花岗岩	γ_5^3	5	14	13	24	43	71	6.1	1048	1.8	0.6	
哀牢山	角闪片麻花岗岩	γ_5^1	49	5.7	8.4	16.3	35.3	24.8	3.3	389	0.66	2.2	
金　平	花岗斑岩	γ_π	4	10.0	9.0	15.0	44	37.0	1.8	440	0.8	1.5	
地壳花岗岩类平均值(维诺格拉多夫 1962)				5.0	8.0	25.0	20	40	3.0	800	1.5	1.0	

3.5.3 区域地球物理场特征

区域地球物理异常场反映出滇东南地区一些深部构造特征：老君山、个旧、薄竹山（白牛场）三个超大型锡多金属矿集区及石屏钨锡矿化区，均产于几个等轴状或椭圆状剩余重力负异常的边部，且沿红河断裂北侧呈北西向大致等间距分布。其中，老君山矿集区处在负异常强度较强区，重力负异常达 -10Gal。从现有地质资料看，这种等轴状或椭圆状的局部场负异常，基本上与滇东南几个花岗岩侵入体相对应，因此应是低密度的花岗岩体的反映。

而与重力负异常相间的是大致呈椭圆状的局部正异常，这些正异常边部则对应分布有几处与基性火山岩有关的铁铜矿床，如紧靠中越边境越南一侧的生权大型铁铜（金）矿床、我国大红山大型铁铜矿床以及两者之间元阳—红河一带正异常也对应有铁铜矿化。上述这种重力异常与矿床分布的对应关系，可能反映红河深大断裂带长期演化活动所控制的地壳上部低密度体（花岗岩）和高密度体（基性岩）的相间分布，前者沿红河断裂带北侧平行红河断裂分布，控制了锡多金属的成矿；而后者则基本位于红河断裂带上，与铁铜矿化关系密切（图 3-5）。此外，从异常等值线的走向上看，老君山矿集区也处于东西向、南北向及北西向布格重力异常的交汇部位。

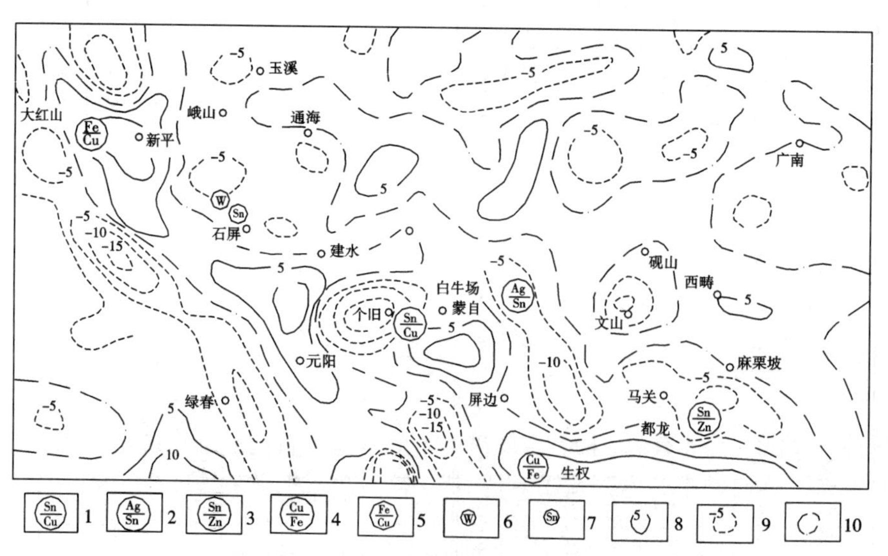

图 3-5 滇东南及邻区剩余重力异常与主要矿床分布示意图

（据西南有色物探队，1992）

1—超大型 SnCu 矿床，2—超大型 AgSn 矿床，3—超大型 SnZn 矿床，4—超大型 CuFe 矿床，5—超大型 Fe 矿床，6—小型 W 矿床，7—小型 Sn 矿床，8—重力正异常等值线，9—重力负异常等值线，10—重力 0 等值线（单位：mGal）

区域重力异常反演计算获得的莫霍面等深线图(图 3-6)反映出[273]，滇东南区域莫霍面自南东向北西呈现逐步下降的阶梯结构，即：马关文山斜坡(深 44 ~ 47 km)→个旧—丘北平台(深 47 km)→弥勒—昆明斜坡(深 48 km 渐降)。因而从深部莫霍面形态变化上看，老君山矿集区也恰好位于幔坡和地幔平台的过渡带之隆起部位，这与我国许多大型、超大型矿床处于地壳结构不均匀性的深层构造过渡带显示了一致性。

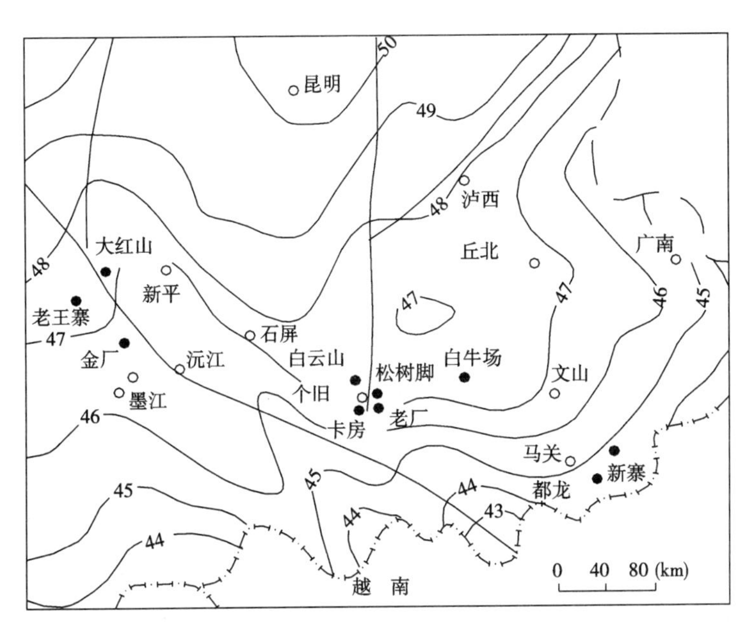

图 3-6 滇东南及邻区莫霍面等深线(km)及大型矿床分布图

(据西南有色物探队，1992)

3.6 区域成矿特征

本区内锡、锌等有色、稀有金属矿产十分丰富。目前已知矿种达 58 种以上，其中有色及贵金属矿产主要有锡、铜、铅、锌、钨、镍、铝、钼、钴、铋、汞、锑、铂、金、银等；稀有金属矿产主要有钽、铌、锂、铍、锆等。几乎所有矿床均沿红河断裂带两侧分布(参见图 3-5 及图 3-6)。如：红河断裂北侧均以燕山期花岗岩体为矿化中心的都龙老君山、个旧、文山、薄竹山等多金属矿集区，整体上按等间距呈北西向与红河断裂平行展布，目前已发现的大中型锡、银、铜、铅、锌矿床即有 12 个、小型矿床、矿化点达数十处(见表 3-4)，其中都龙老君山超大型锡、锌、铟多金属矿集区以其众多的矿化类型、巨大的资源储量而闻名中外。

表 3-4　滇东南主要大-中型锡多金属矿床基本特征简表

地区	矿床名称	赋矿层	矿床地质特征	规模
马关	老君山锡银多金属矿床	Є$_{1-2}$	产于下-中寒武统深变质的云母石英片岩、斜长片麻岩和大理岩互层中。主要矿体呈层状、似层状，产状与围岩一致。主要矿石矿物为锡石、黄铜矿、闪锌矿、方铅矿和银矿物等	大型
个旧	陡岩锡铅多金属矿床	T_2	矿体产于中三叠统个旧组、法郎组，多呈层状、似层状、透镜状。矿石矿物主要有锡石、磁黄铁矿、黄铜矿、毒砂、闪锌矿、赤铁矿、褐铁矿、白铅矿等。矿石氧化强烈	中型
	马拉格、松树脚、高松、老厂、卡房等锡铜多金属矿床	T_2	矿体产于中三叠统个旧组，赋矿地层多为泥岩、粉沙岩、灰质泥岩。矿体受地层层位和燕山期岩体复合控制，多呈层状、似层状、透镜状产出，局部呈脉状产出。主要矿化类型有锡石硫化物-矽卡岩型、锡石氧化物型、锡石白云岩型、电气石细脉带型、锡石云英岩型、变基性火山岩型、脉状铅锌(银)矿型、矽卡岩-白钨矿型、石英-黑钨矿型等多种。主要矿石矿物有锡石、磁黄铁矿、黄铜矿、毒砂、黄锡矿、闪锌矿、方铅矿等	超大型
薄竹山	白牛场银锡多金属矿床	Є$_{2-3}$	产于中-上寒武统浅变质的粉砂岩及碳酸盐岩建造内。主要矿体呈层状、似层状、透镜状。主要矿石矿物有黄铁矿、磁黄铁矿、白铁矿、黄铜矿、闪锌矿、方铅矿等，伴生较多的银、铅硫化矿物	超大型

就矿床地质特征方面相比较而言，滇东南地区的锡多金属矿床具有如下一些相似的特征：

(1)多种矿石类型的复合，以含锡石-多金属块状硫化物矿床为主，同时存在矽卡岩型、石英脉型、云英岩型、细脉带型等。它们叠加于似层状、透镜状硫化物矿体之上(矽卡岩型矿床多在花岗岩体接触带)，块状硫化物矿体常呈多层产出。

(2)多数矿床达到大型、超大型规模，有的是 Sn 达超大型(个旧)；有的是 Ag 达超大型(白牛厂)或 Zn 达超大型(老君山)，但也都含较多 Sn。

(3)矿床形成温度一般为 250～400℃。

(4)在这些大型矿床的附近都出露有燕山晚期大型花岗岩侵入体，与矿床密切共生的花岗岩多呈小岩株产出，而似层状、块状硫化物矿床则围绕岩体突起及突起的上方分布。

(5)这些大型块状硫化物矿床的围岩中还发育有一些海底喷发火山岩和次火山岩体，如在老君山矿集区地层的下部及周围就发育有基性火山岩和辉绿岩，并有伴生的铜金矿；而在白牛场银矿的中寒武统田蓬组中，也有少量火山碎屑岩。

在区域矿产时空分布的规律上看，滇东南锡矿带从东部的老君山矿集区、中部的薄竹山矿集区到西部的个旧矿集区，矿床时空分布表现有如下明显的变化趋势：①赋矿地层层位由老渐新，即由下、中寒武统→中、上寒武统→中三叠统；②赋矿地层区域变质程度渐弱，由浅至中深变质岩相（并发育混合岩化）→浅变质→未变质。③赋矿岩性由碎屑岩类夹碳酸盐岩层→碳酸盐岩类，正接触带矿床从不发育至发育，砂锡矿床从原地型至半原地型。

第4章　老君山矿集区成矿地质条件分析

4.1　矿集区沉积建造及其控矿性

4.1.1　地层分布及沉积建造特征

区内出露地层以三叠系中下统及寒武系为主，三叠系中下统主要分布于文山—麻栗坡断裂北东的八布拗陷。而寒武系地层分布最广，主要位于文山—麻栗坡断裂南西老君山穹隆两翼及北部(见图4－1)，此次研究以老君山穹隆区为主。从各区内出露地层的岩性、岩相组合来看，具有如下特征：

第四系：为冲积、洪积砂砾层，残积层风化红土夹岩块。主要分布于盆地、山坡及山麓地段的低凹处、河流两岸，厚度0～80 m。

中寒武统：

龙哈组$Є_2l$：为灰色中厚层状白云岩、白云质大理岩，厚度521～1297 m，分布于本区北部及西部。

田蓬组$Є_2t$：上部为云母石英片岩、白云质大理岩；中部为石英云母片岩、绿泥石片岩、大理岩、复杂矽卡岩；下部以片麻岩、变粒岩为主，夹少量大理岩、简单矽卡岩等，厚度1475～2456 m，分布于北、西、南部。

下寒武统：分布于矿集区东部和南部，仅出露冲庄组($Є_1ch$)地层，可分为三个岩性段：

冲庄组上段$Є_1ch^3$：浅灰绿色白云斜长片麻岩、二云斜长片麻岩，夹少量变粒岩，厚度大于1000 m。

冲庄组中段$Є_1ch^2$：上部为云母石英片岩、绿泥石云母片岩、黑云斜长片麻岩、电气石石英岩、矽卡岩等，为白钨矿带赋存层位。下部为角闪斜长变粒岩、透辉黑云角闪片麻岩、二云母斜长片麻岩，厚度245～345 m。

冲庄组下段$Є_1ch^1$：为浅灰色花岗片麻岩、条痕状花岗片麻岩、眼球状花岗片麻岩，夹黑云斜长片麻岩及原地交代均质花岗岩。厚度大于300 m。

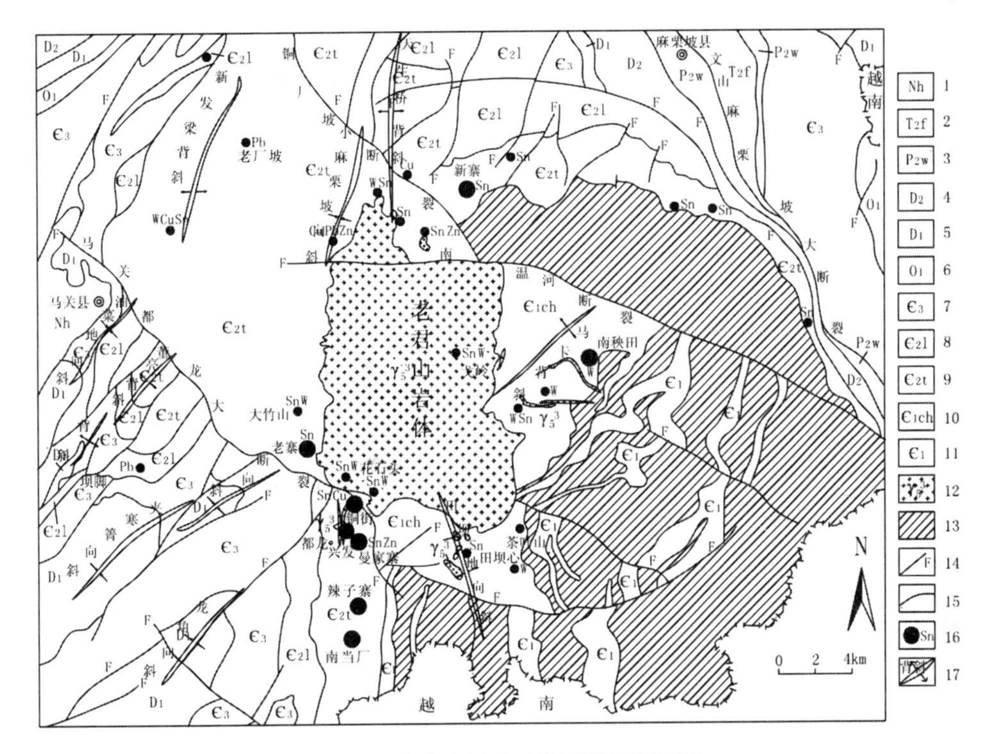

图4－1　都龙老君山矿集区地质平面图

1—上第三系花枝格组；2—中三叠统法郎组；3—上二叠统吴家坪组；4—中泥盆统；5—下泥盆统；6—下奥陶统 7—上寒武统；8—中寒武统龙哈组；9—中寒武统田蓬组；10—下寒武统冲庄组；11—下寒武统分；12—白垩纪花岗岩亚期未分；13—花岗片麻岩；14—断裂；15—地层界线；16—矿点；17—褶皱及名称

4.1.2　地层地球化学

在区域地球化学上，老君山锡锌多金属矿集区位于个旧—马关 Sn、W、Ag、Au 多金属地球化学区的南东端老君山 Sn、Zn、Ag、W、Sb 多金属地球化学分区。

矿集区内主要成矿元素在不同地层及岩石中的含量均高于克拉克值数倍至数十倍，具分区分带特点，Cu、Ni、Co、Cr、V、Fe 等元素在 $T_2β$ 变质岩系中含量高，Pb、Zn、Ag 等元素在 P_2w、Ꞓ$_2$l、Ꞓ$_2$t、Ꞓ$_1$ch 地层中含量高；Sn、W 元素在Ꞓ$_2$t、Ꞓ$_1$ch 2 组地层中含量高。田蓬组地层下部层位 Sn、Zn、W 元素含量高，上部层位 Pb、Zn、Ag 含量高。

4.1.3　控矿性

老君山矿集区地层除缺失上奥陶统、志留系、上三叠统、侏罗系、白垩系外，其余地层均有出露。其含矿性见表 4－1。

表4-1　老君山矿集区地层表

界	系	统	地层名称	代号	厚度/m	主要岩性	矿产
新生界	第四系			Q	21	黄色砂质黏土夹砾石层	泥炭
	新近系		花枝格组	Nh	100 ~ 555	灰白色钙质泥岩、砂质泥岩、中下部夹褐煤层	煤
	古近系		砚山组	Ey	0~207	灰、暗紫红色泥质砂岩夹砾石层	
中生界	三叠系	中三叠统	玄武岩组	$T_2\beta$	1491	灰绿色半玻晶玄武岩、底部夹火山角砾岩	铜
			兰木组	T_2l+T_2b	40~1792	T_2l：砂岩、泥岩夹砂砾岩	T_2l、T_2b 锰
			个旧组 版纳组	T_2g / T_2l+T_2b	40~1792	T_2b：泥岩、粉砂岩夹灰岩	T_2l、T_2b 锰
						T_2g：灰色中厚层状白云岩	
		下三叠统	永宁镇组	T_2y	106	深灰色薄层泥灰岩、顶部为灰岩	
			飞仙关组	T_1f	312	T_1f: 紫红色粉砂质泥岩夹黄色泥岩	
			洗马塘组	T_1x	88	T_1x：下部为黄色粉砂质泥岩、上部为深灰色薄层泥灰岩	
上古生界	二叠系	上二叠统	长兴组	P_2c	0 ~ 3	灰色厚层状硅质条带灰岩	
			龙潭组	P_2l	33	P_2l：上部硅质层；中部铝土岩；下部砂质劣煤层	P_2l 煤
			吴家坪组	P_2w	939	P_2w：灰色中厚层状灰岩，底部含铝土层	
		下二叠统	茅口组	P_1m	280	深灰色厚层状灰岩夹硅质团块	
			栖霞组	P_1q	3	深灰色厚层状灰岩	
	石炭系	上石炭统	马平组	C_3m	50	深灰、灰白色厚层状灰岩、具生物碎屑结构	
		中石炭统	威宁组	C_2w	26 ~150	浅灰色、局部灰黑色厚层状灰岩、生物碎屑灰岩	
		下石炭统	大塘组	C_1d	147	浅灰色、灰白色厚层状灰岩、生物碎屑灰岩	
			董有组	C_1dn	0 ~ 100	灰色厚层状夹中厚层状灰岩、泥灰岩	
	泥盆系	上泥盆统	革当组	D_3g	231	D_3g：浅灰色中厚层状鲕状灰岩夹白云岩	
			榴江组	D_3l	187	D_3l: 灰黑色薄-中层状硅质岩	

续表4-1

界	系	统	地层名称	代号	厚度/m	主要岩性	矿产
上古生界		中泥盆统	东岗岭组	D_2d	187~1125	深灰色中厚层状灰岩，顶部为泥灰岩	铅
			古木组	D_2g	533	D_2g：深灰色中厚层状灰岩夹白云质灰岩及泥灰岩	
			坡折落组	D_2p	280	D_2p：上部灰色薄层状灰岩、下部深灰色薄层状硅质岩	
		下泥盆统	芭蕉箐组	D_1b	21~295	深灰色厚层状白云岩、灰岩夹中厚层状泥灰岩	铅
			坡脚组	D_1p	173	浅棕黄色泥质页岩、粉砂质泥岩、顶部夹灰岩透镜体	铅 锌、锑
			翠峰山组	D_1c	0~240	灰黑色泥质粉-细砂岩与泥质页岩	
下古生界	奥陶系	中奥陶统	十里铺组	O_1s	0~192	上部为黄色石英砂岩夹粉砂岩，下部为黄绿色生物泥灰岩	
		下奥陶统	湄潭组	O_1m	813	上部为浅灰色石英砂岩，下部为黄色长石石英砂岩夹页岩	
			红花园组	O_1hn	33~63	灰色泥质灰岩夹鲕状灰岩，生物碎屑灰岩	
			分乡组	O_1f	50~126	上部为黄色泥质粉砂岩，下部石英砂岩	
			南津关组	O_1n	391	灰色中厚层状白云质灰岩，夹生物碎屑灰岩	铁、铅
	寒武系	上寒武统	博菜田组	ϵ_3b	899~1333	上部灰色中厚层状白云岩，中部夹灰岩白云质灰岩、砂岩	铜 铅、锌
			唐家坝组	ϵ_3t	512~573	灰色中厚层状泥质条带灰岩夹白云质灰岩、页岩	
			歇场组	ϵ_3x	266~449	上部灰色泥质条带白云质灰岩，下部白云质灰岩夹白云岩	
		中寒武统	龙哈组	ϵ_2l	521~1297	灰色中厚层状白云岩、偶夹砂岩	铅、锌
			田蓬组	ϵ_2t	582~2036	上部灰色泥质白云质灰岩夹砂岩，下部泥质页岩夹灰岩	锡 锌 铜 砷 铁 金 锑 铅
		下寒武统	大寨组	ϵ_1d	50~165	灰色中厚层状白云质灰岩	
			冲庄组	ϵ_1ch	714.9~3293	黄、灰黑色千枚岩、板岩夹灰岩	钨

据西南地勘局317队资料。

老君山锡锌多金属矿集区矿产丰富，产出锡、钨、铅、锌、钨、银、铜等多种有色金属矿产。这些矿产的分布与地层关系密切，除少量锰、铜、铅、锌、锑矿床(点)分布于三叠系中统、泥盆系中下统东岗岭组、芭蕉箐组、跛脚组外，其余大部分矿床(点)分布于寒武系地层中。下寒武统分布于老君山岩体东部的南秧田及南部的茶叶山、田坝心一带，出露冲庄组地层，该组中段上部为片岩、电气石石英片岩、矽卡岩，为白钨矿赋存层位，如南秧田白钨矿床；中寒武统分布较广，见于岩体北、南、西部，其下部田蓬组泥质碎屑岩与碳酸盐岩互层，是锡锌铜多金属矿床的赋矿层位，曼家寨、新寨、大竹山等矿床均产于该地层中；上寒武统分布于老君山岩体西部及东北部，以碳酸盐岩为主，夹少量泥质岩、泥质碎屑岩，具铅锌银矿化。

区内中寒武统田蓬组、龙哈组、下寒武统冲庄组等地层中锡、钨、铜、铅、锌、银等成矿元素具较高丰度值，为原始沉积、构造活动、变质作用全过程的综合结果，是矿集区成矿物质的重要来源之一。

围绕岩体分布的矿床(点)空间分布受层位控制，白钨矿床产于下寒武统冲庄组；锡、锌矿床位于中寒武统田蓬组中段。分布于岩体外围的碳酸盐岩银、铅、锌层控中低温热液型矿床，产于中寒武统田蓬组的大理岩、大理岩化白云质灰岩以及大理岩化灰岩与片岩的接触带中。

在成矿过程中，围岩的化学成分对矿床类型、矿种及矿床规模有一定的制约作用，当含矿热液沿裂隙运移、矿液进入以单一石英片岩为围岩的环境中，则形成以充填方式为主的石英脉型锡钨矿床；当围岩为矽卡岩时，则矿液与矽卡岩发生强烈的交代作用，形成层控矽卡岩型矿床，由于矿液和赋矿岩石千差万别而形成不同矿种和规模的矽卡岩型矿床，如铜街—曼家寨锡锌铜矿床、南秧田白钨矿床、新寨锡矿床、四角田铜钨银铅矿床；当赋矿岩石为大理岩时，则形成碳酸盐型多金属矿床，如南当厂、三保银铅锌矿床。

古地理与成矿物质的初始聚集有一定关系，本区在加里东阶段寒武纪沉积期为一深拗陷槽谷地带，成为康滇古陆、哀牢山隆起、越北古陆成矿物质剥蚀迁移的有利的堆积场所，拗陷部位具有巨厚的含黏土质高的碎屑岩相，对锡矿床的形成有重要的意义，该区大型矽卡岩型锡、锌矿床位于中寒武世田蓬组的海盆拗陷中心。

4.2 构造演化

加里东期本区为前缘海盆，沉积了寒武系及中下奥陶统滨海 - 浅海相碎屑岩、碳酸盐岩建造，中奥陶世末，宜昌运动使区内隆起(越北隆起)，缺失上奥陶统和志留系地层。华力西期本区转为弧后盆地，早泥盆统不整合于寒武、奥陶系之上；晚泥盆世末该区地壳隆起、裂陷并伴有岩浆活动，在马关桥头、八寨一带

可见辉长 - 辉绿岩侵入寒武系地层，文山—马关断裂也在该时期形成；印支运动、燕山运动使本区发生强烈褶皱和断裂活动，形成一系列北西向、北东向、南北向或近东西向的褶皱断裂，区域变质作用进一步加强，发生混合岩化及花岗岩化，燕山期交代花岗岩浆及重熔岩浆侵位，形成老君山花岗岩穹窿。喜马拉雅期主要为断块活动，形成山间盆地，具河流、内陆湖泊碎屑岩、泥灰岩沉积。上述演化特点表明：本区构造活动有继承演化特点，从而导致成矿作用也具有多期、多阶段的特征。

都龙老君山矿集区处于多组构造的叠加交汇部位，多次构造运动使得区内构造相互交织，比较复杂，且许多构造具有多期演化活动的特点。主要以不同规模的断裂构造、褶皱构造为主，尤以断裂构造围绕都龙老君山岩体发育为特征（如图3 - 1所示）。

老君山矿集区由老君山穹隆和八布拗陷构成。区内南北向、东西向、北东向和北西向各组断裂纵横交错，其中以老君山穹隆、文山—麻栗坡断裂及马关—都龙断裂最为重要，对该区成岩及成矿具明显控制作用。

4.2.1　老君山穹隆

其范围大致是东以文山—麻栗坡断裂为界，北东与八布拗陷相邻，北西以上下古生界的地层分界线与杨柳井拗陷相邻，向南延入越南境内。老君山穹隆总体上呈南北向展布，两翼地层不对称，东翼为冲庄组地层，西翼为田蓬组、龙哈组地层，两翼地层倾角平缓，一般为8°～20°，穹隆南北两端呈现倾没趋势。在穹隆形成过程中，由于岩浆侵位引起的挤压、牵引作用，围绕岩体形成一系列断裂和褶皱构造，西翼构造走向以北东向为主，如董亮背斜、夹寒箐向斜、南亮断裂；东翼以北西向为主，如南温河断裂；南北端的构造以南北向为主，如天生桥倾没背斜；小麻栗坡短轴向斜；铜街 - 曼家寨宽缓褶皱断层带。这一系列的次级褶皱构成了老君山穹隆的总体，控制了区内多数锡钨铅锌多金属矿床形成及空间分布。

4.2.2　断裂

矿集区内断裂构造以北西向的文山—麻栗坡大断裂、马关—都龙断裂为代表，分布于老君山花岗岩体北东侧和南西侧，对矿集区内地质构造的发展演化和矿产分布，具有明显的控制作用。

（1）文山—麻栗坡大断裂：是矿集区规模最大的一条超壳断裂，具剪压性质，断层走向N60°W，倾向SW，倾角60°以上，走向延长180 km。该断裂自晚古生代至新生代具有继承性活动，对滇东南泥盆纪以后地质发展、构造演化起到了重要的控制作用。

（2）马关—都龙大断裂：位于老君山花岗岩体南西侧，走向N65°W，经马关、达号至花石头、铜街，走向由 SE 向转为 SN 向，经曼家寨延至田房，走向再次转为 SE 向，延入越南境内。断层倾向 SW，倾角 40°～55°，断层带宽 5～20 m，断裂切割较深，与花岗岩体有直接联系。断裂带同生角砾发育(图版Ⅰ-1、图版Ⅰ-2)，沿断裂带及其附近有花岗斑岩脉及长英岩脉分布，并有热液矿化蚀变，说明断裂具多期活动性(图版Ⅱ-5、6)。断裂旁侧的次级构造和有利含矿地层中，分布有不同类型的金属矿床，如铜街、曼家寨、兴发、辣子寨、花石头、老寨等矿床。

除上述两条区域性断裂以外，尚有南温河断裂、南亮断裂、马卡逆断层等，对区域地质的发展、演化和成矿作用有一定的控制作用。

矿集区控矿构造组合具下列特征：①中寒武统田蓬组中段缓倾挠曲及纵向层间断裂、层间剥离构造组合(都龙矿田)；②田蓬组下段纵向、横向断裂及层间剥离、破碎带组合(新寨、大竹山矿床)；③冲庄组缓倾褶皱带及层间剥离构造(南秧田矿田)；④复式褶皱背斜翼部有利岩性段(坝脚、四角田矿床)；⑥岩体内部及接触带北东东向、北北东向张性及压扭性复合裂隙带(老君山矿田)。

4.3 矿集区变质岩及其与成矿的关系

矿集区分布的变质岩为中寒武统田蓬组中下段，由于多期次构造运动的叠加，变质作用比较复杂，形成种类繁多的变质岩。从岩石共生、矿物组合、结构、构造、蚀变类型等，均显示出变质作用由浅至深、多期叠加，分段演化的特点，上部为浅变质带，下部为中-深变质带，岩石类型具有由区域变质岩向花岗质混合岩演化的规律。

4.3.1 变质相带划分及岩石特征

老君山矿集区除中部燕山期花岗岩及第四系分布区外，其余地区均有变质岩石出露。区内变质岩存在三种变质作用类型，经历过四个时期的变质作用。本节重点介绍区域变质岩。区内变质岩划属都龙变质岩带，现将其基本特征叙述如下：

区内变质岩由于受南温河变质核杂岩构造形成的影响，目前呈环带状分布。受变质地层为下元古界猛洞岩群、上元古界新寨岩组、古生界寒武系。先后经历了四期变质作用，叠加变质作用表现明显。本区分布的副变质岩石，受变质原岩为碳酸盐岩、泥质岩、碎屑岩等。经区域变质及混合岩化，形成大理岩、片岩、矽卡岩、变粒岩、片麻岩、花岗质混合岩等，具低-中级变质特征及低压区域变质相系性质，在变质过程中，由于温度、压力梯度的变化，出现了石榴石、黑云母、角闪石等标型矿物。自上而下划分为绿片岩相、角闪岩相、混合岩相，具有定向递增变质规律。

(1)早期浅变质绿片岩相带：分布于区域变质岩上部，是工业矿体赋存的主要空间。岩石组合为片岩类岩石、方解石大理岩及复杂矽卡岩(包括绿泥石化矽卡岩、阳起石化矽卡岩、透辉石化矽卡岩等)，标志矿物为绿泥石、绢云母等(见图版Ⅲ)，各类岩石特征如下：

片岩类岩石：本类岩石包括白云母片岩、绢云母片岩、石英二云母片岩、黑云母石英片岩、黑云母斜长石英片岩及石英云母绿泥石片岩等。岩石为灰至深灰色，片理发育，主要矿物有石英、黑云母、白云母、绢云母、绿泥石。各矿物的一般含量为20% ~50%。次要矿物有钾长石、斜长石、电气石、石榴石，其含量分别小于3% ~13%。副矿物有榍石、磷灰石、帘石类、锆石等。矿物粒径0.05 ~0.3 mm。岩石具鳞片变晶结构、花岗鳞片变晶结构、鳞片花岗变晶结构等。

大理岩类岩石：本类岩石包括方解石大理岩、白云石大理岩、含滑石白云质大理岩及含碳泥质方解石大理岩。岩石呈灰至灰白色，主要矿物为方解石或白云石。含量80% ~92%，呈自形—半自形晶、他形晶等轴状镶嵌，粒径0.1 ~1 mm。次要矿物为滑石、绿泥石、金云母、石英，偶见碳质，含量3% ~15%。岩石具花岗变晶结构，镶嵌粒状变晶结构，鳞片花岗变晶结构，微层理构造及条带状构造。

矽卡岩类：为绿灰、深灰、黄绿、暗绿色的复杂硅酸盐岩石。

(2)中期变质角闪岩相带：分布于绿片岩相带之下，主要岩石组合为片麻岩、变粒岩、简单矽卡岩及少量大理岩等。标志矿物以角闪石、大量石榴石、黑云母为特征。各类岩石特征如下：

片麻岩：按主要矿物含量多少，可分为黑云斜长片麻岩、白云斜长片麻岩、二云斜长片麻岩、二云钾长片麻岩、二云二长片麻岩。岩石呈灰色，片状矿物作断续线痕状平行定向排列，与粒状长英质矿物组成黑白或深浅相间的条纹，构成片麻状构造，具鳞片花岗变晶结构。

主要矿物有斜长石、石英、黑云母、白云母、钾长石。斜长石呈他形变晶，有时具钠长石双晶。钠更长石、更长石，粒径0.2 ~0.5 mm，含量44%左右。石英呈他形粒状，与长石呈花岗镶嵌，粒径0.3 ~0.9 mm，含量20% ~47%。黑云母呈棕色、片状、定向排列，粒径0.5 ~1 mm，含量5% ~20%。钾长石和微斜长石，呈他形、粒状、扁平状，具格子双晶，粒径0.26 ~0.78 mm，含量18%。

次要矿物有电气石、石榴石、绿泥石，含量小于15%。副矿物有榍石、钛铁矿、磷灰石、磁铁矿、锆石等。

角闪变粒岩类岩石：变粒岩类有长石变粒岩、黑云黝帘斜长变粒岩、石榴石(或绿帘石)角闪斜长变粒岩、斜长角闪变粒岩、石榴石黑云斜长变粒岩等。主要矿物为斜长石、石英、阳起石、角闪石。次要矿物有黑云母、斜黝帘石、绿帘石、白云母。斜长石和钾长石在不同岩石中比量不同，粒径0.05 ~1 mm，斜长石含量20% ~70%，钾长石含量0 ~35%，两者均呈现他形粒状或板柱状。石英呈他形粒状，粒径0.05 ~0.5 mm不等，含量15% ~30%，角闪石、阳起石呈蓝绿色，长柱状、针状变晶，定向或不定向排列，粒度0.16 mm×0.82 mm~0.29 mm×0.73 mm，含量3%~10%。次要矿物斜黝帘石、石榴石、黑云母、白云母，含量5%左右。岩石为柱粒状变晶结构，鳞片花岗变晶结构，花岗鳞片变晶结构。

简单矽卡岩：岩石种类为石榴石矽卡岩和透辉石矽卡岩。岩石呈灰绿或暗绿色，致密块状。主要矿物为石榴石、透辉石；次要矿物有斜黝帘石、绿泥石、石英、符山石、方解石等。石榴石呈肉红色，多边形粒状、等轴状，粒径0.1~1 mm，含量40%~82%。透辉石为无色或绿色，呈短柱状或不规则粒状，粒径0.13 mm×0.32 mm~0.73 mm×2.48 mm，含量25%~41%。次要矿物斜黝帘石，呈柱状或不规则粒状交代透辉石。石英呈他形粒状集合体缝合镶嵌，一般斜黝帘石、石英含量为15%~23%。简单矽卡岩矿化普遍，但金属硫化物稀少，含矿性差。岩石为粒状变晶结构，柱粒状变晶结构。

(3)晚期变质混合岩相带：角闪岩相带下部分布有厚薄不等的混合岩。主要岩石为白云钾长混合片麻岩、二云二长花岗混合片麻岩、二云钾长花岗混合片麻岩。标志矿物以新生长石、石英为特征。岩石具钾化、钠化、硅化现象明显。交代结构发育。愈向下部，混合岩化均一性程度增高。

混合岩类岩石，组成矿物有微斜长石、斜长石、石英、黑云母、白云母等。微斜长石呈板柱状、他形粒状、扁平粒状，交代斜长石，形成蠕条，呈嵌晶结构，具格状双晶，粒径(0.2~0.8)mm×1.2 mm，含量48%。斜长石呈他形粒状、板柱状，具钠长石双晶，沿片麻理方向排列，粒度0.13 mm×0.2 mm，含量26%~35%。黑云母呈断续线痕状定向嵌布，粒度0.01 mm×1 mm，含量5%~18%。白云母呈定向排列，其中残留黑云母片，为黑云母褪色而成，粒度0.15 mm×0.65 mm，含量3%~12%。石英呈他形粒状、扁平状、圆滑粒状、蠕条状见于长石中，或呈现针脉伸入、穿切、交代钠长石、微斜长石中，粒径0.52~0.97 mm，含量27%左右。岩石具鳞片花岗变晶结构、蠕虫、蠕条结构，穿孔结构及片麻状构造、眼球状构造。

4.3.2 变质岩生成时代

据云南地科所、北京矿产地质研究所和西南地质勘查局地质研究所资料显示，铅同位素年龄测定结果，绿片岩相带年龄为207.8~312.3 Ma；钾氩法同位素年龄样测定，角闪岩相带年龄为204.39~224.82 Ma，混合岩相带年龄为183.47~215.92 Ma。

4.3.3 变质岩原岩恢复

变质作用包括原岩(建造)的形成和原岩(建造)形成后的改造(包括变质作用、混合岩化作用和各种变形等)。而与变质岩形成作用有关的各种矿产，也大都受上述因素控制。研究变质作用的重要课题就是恢复变质岩的原岩类型，不同的原岩成因类型具有不同的成岩作用特点，并决定原岩形成时有用元素的赋存和聚集。因此，查明变质岩的原岩(建造)，对变质岩地区的地质研究及找矿都有重要意义。由于变质作用的发生，原岩的矿物成分和结构构造都不同程度地发生改变，使得变质岩的组构和其他特征变得难以辨认。要恢复变质岩的原岩，用岩石化学和地球化学特征的方法就显得非常重要。

原岩恢复的理论基础是：除伴有强烈交代作用的变质岩如各种交代蚀变岩和混合岩等外，所有变质岩都是特定原岩在相对封闭条件下经变质作用的产物，其成分变化基本上是等化学位的，因而其岩石化学和地球化学特征基本反映原岩的特征，并主要受原岩形成作用和成岩构造环境所制约。

通过野外剖面踏勘以及矿区各矿点的调查，野外采集了全区典型的变质岩、弱变质花岗岩、片麻岩样品，分析了岩石化学成分数据(表4-2)并进行CIPW标准矿物计算，结果见表4-3。花岗岩与片麻岩在化学成分上相似，SiO_2含量高，SiO_2、Al_2O_3、K_2O含量占了90%以上。矽卡岩则以SiO_2、CaO、FeO为主，含量约等于90%。

表4-2 老君山岩石化学成分

岩石名称	原编号	测试氧化物/%										
		SiO_2	TiO_2	Al_2O_3	Fe_2O_3	FeO	MnO	MgO	CaO	Na_2O	K_2O	P_2O_5
花岗岩	Ⅲ-57	76.14	0.12	12.76	0.01	1.03	0.02	0.27	0.81	3.1	4.57	0.2
片麻岩	Ⅰ-56	77.02	0.09	12.19	0.37	0.55	0.02	0.16	0.44	1.96	6.29	0.13
片麻岩	MLP0720	71.04	0.31	14.74	0.19	2.43	0.05	0.93	2.06	2.76	4.49	0.12
矽卡岩	MLP0723	47.95	0.08	2.27	0.95	20	1.4	4.85	19.52	0.19	0.1	0.05
矽卡岩	MLP0727	46.93	0.03	0.86	4.03	14.4	0.81	7.6	21.77	0.22	0.11	0.03
矽卡岩	M1-9-2	46	0.17	4.23	5.15	20.1	0.84	0.14	16.75	0.14	0.33	0.13

测试单位：武汉综合岩矿测试中心。

表4-3 尼格里数字特征和相关参数

参数 \ 样品号	Ⅲ-57	Ⅰ-56	MLP0720	MLP0723	MLP0727	M1-9-2
石英(qz)	38.63	40.78	30.84	20.34		8.88
钙长石(an)	2.74	1.34	9.52	6.53	1.07	10.58
钠长石(ab)	26.49	16.72	23.56	2.08	0.13	1.26
正长石(or)	27.27	37.46	26.77	0.76	0.67	2.08
碱性长石(A)	51.34	53.6	44.15	0.98	0.72	2.29
斜长石(P)	5.16	1.92	15.7	8.39	1.15	11.63

续表 4-3

参数 \ 样品号	Ⅲ-57	Ⅰ-56	MLP0720	MLP0723	MLP0727	M1-9-2
斜长石标号(An%)	53.12	69.88	60.63	77.8	93.05	90.95
霞石(ne)					0.97	
刚玉(c)	1.74	1.68	1.9			
透辉石(di)				42.12	89.92	68.5
紫苏辉石(hy)	2.42	1	6.26			0.11
硅灰石(wo)				27.38	1.08	
钛铁矿(il)	0.23	0.17	0.59	0.2	0.06	0.34
磁铁矿(mt)	0.01	0.54	0.28	0.47	6.04	7.95
磷灰石(ap)	0.49	0.32	0.29	0.16	0.07	0.33
合计	100.02	100.01	100.01	100.03	100.01	100.02
分异指数(DI)	92.39	94.96	81.17	23.18	1.77	12.22
A/CNK	1.108	1.125	1.121	0.063	0.021	0.136
SI	3.01	1.71	8.61	80.3	28.83	0.54
AR	2.68	4.77	1.98	1.03	1.03	1.05
σ43	1.77	2	1.87	0.01	0.02	0.04
σ25	1.16	1.31	1.15			0.01
R1	2897	2958	2643	3926	2578	2361
R2	354	296	561	3070	2814	2003
F1	0.75	0.77	0.72	0.21	0.22	0.39
F2	-1.03	-0.84	-1.04	-1.57	-1.59	-1.4
F3	-2.53	-2.49	-2.52	-2.3	-1.93	-1.74
A/MF	5.91	7.35	2.44	0.17	0.02	0.12
C/MF	0.68	0.48	0.62	2.63	0.88	0.86

从表4-3可以分析出从岩体→片麻岩→矽卡岩，总的暗色矿物在增多，浅色矿物减少；石英、钠长石、正长石、碱性长石在减少，矿化在加剧；SiO_2 及查氏 σ 值在减少；Na_2O、K_2O、Al_2O_3 在减少，CaO、MgO、FeO、Fe_2O_3 含量在增加，说明地层原来就有了一定的矿化富集。片麻岩中长石族分子特征中 Or + Ab + An 值大于50，反映具有火成岩的特征，而矽卡岩的 Or + Ab + An 值很小，表明其具有沉积成因。片麻岩样品的钙质辉石分子含量低，且无镁铁辉石，具有中-酸性岩特征，矽卡岩样品只有5号样品含有少量辉石，表明矽卡岩具有泥砂质岩的特征，另外镁铁辉石含量较高，也反映了其具泥质岩的特点。

除去花岗岩外，把其他5个样品一次编号，进一步采用变质岩投点判别。c－n－f三角图解（图4－2）的判别结果表明，所有样品均落入了沉积岩区。

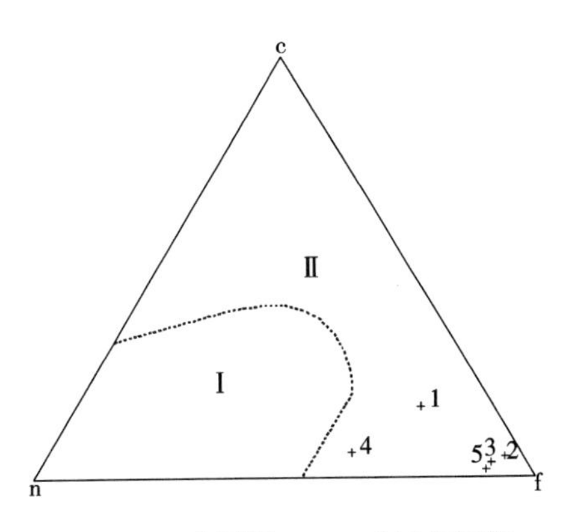

图4－2　变质岩c－n－f三角图解

Ⅰ—火成岩区；Ⅱ—沉积岩区

从判别正负变质岩的A－C－FM图解（图4－3）、（AT－K）－（AT－Na）图解（图4－4）、$\lg(SiO_2/Al_2O_3)-\lg(Na_2O/K_2O)$图解（图4－5）和K－A图解（图4－6）进行分析，在A－C－FM图解中，老君山片麻岩原岩属黏土及酸性火山岩，矽卡岩原岩属钙质碳酸盐岩；从（AT－K）－（AT－Na）图解可见1、2号样品投在了长石砂岩区，其他均落在白云质泥灰岩附近。为进一步区分原岩类型，选用$\log(SiO_2/Al2O_3)-\log(Na_2O/K_2O)$图解对样品进行判别，发现1号落入了长石砂岩区，2号落入了杂砂岩区；从K－A图解可见1、2号样品均投在泥质粉砂岩亚区，但2号样品比较靠近火成岩区，反映具有火山岩组分，3、4号岩均落在碳酸盐亚区，5号样品投在了沉积岩区；（al－alk）－c图解（图4－7）反映1号样品介于中酸性凝灰岩与角斑岩之间，2号样品属英安质凝灰岩，其他样品均落在图外围的白云质泥灰岩区。

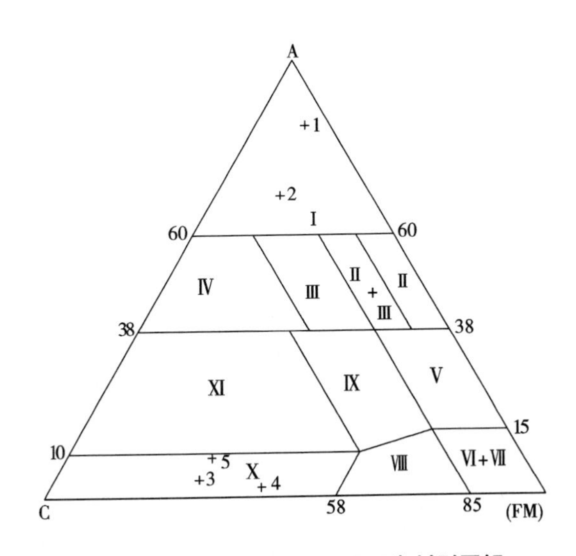

图4－3　变质岩化学类型及亚类判别图解

Ⅰ—富铝黏土岩和酸性火山岩；Ⅱ—黏土岩和亚杂砂岩；Ⅲ—中性和碱性火山岩和杂砂岩；Ⅳ—长石砂岩；Ⅴ—凝灰质粉砂岩；Ⅵ—硅铁质沉积岩；Ⅶ—镁质超基性岩；Ⅷ—碱土低铝超基性岩；Ⅸ—基性火山岩及铁质白云质泥灰岩；Ⅹ—钙质碳酸盐岩；Ⅺ—钙硅酸盐岩及石英岩

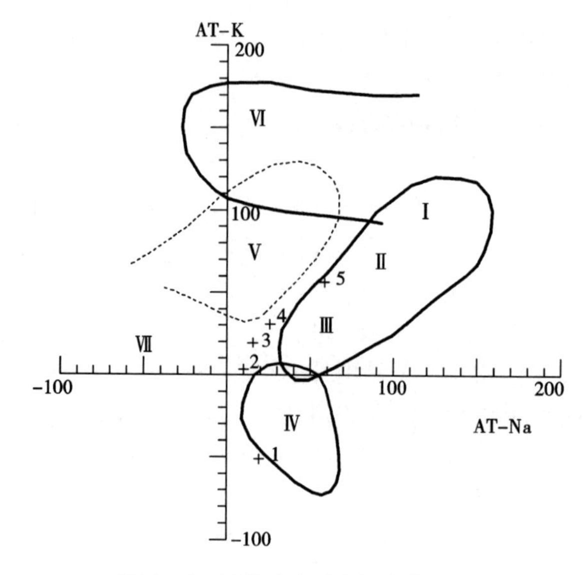

图 4-4 区分喷出岩和沉积岩图解

Ⅰ—泥岩；Ⅱ—钙质页岩；Ⅲ—白云质泥灰岩；Ⅳ—长石砂岩；Ⅴ—硬砂岩；Ⅵ—中基性喷出岩；Ⅶ—流纹岩

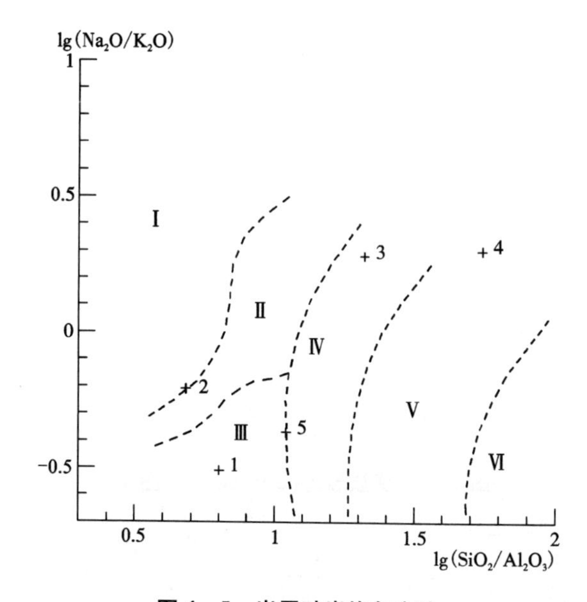

图 4-5 岩屑砂岩恢复方法

Ⅰ—杂砂岩；Ⅱ—岩屑砂岩；Ⅲ—长石砂岩；Ⅳ—次长石砂岩；Ⅴ—次岩屑砂岩；Ⅵ—石英砂岩

A-C-F 图解(图 4-8)也反映出 1、2 号样品落在了杂砂岩边缘，其他均落在泥灰岩区。再用[(al+fm)-(c+alk)]-si 图解(图 4-9)进一步判别，发现

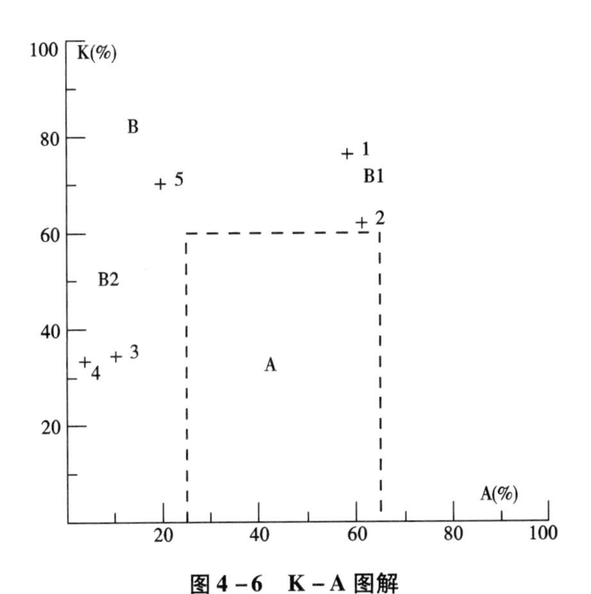

图4－6 K－A图解

A—火成岩区，B—沉积岩区，B1—泥质粉砂岩亚区，B2—碳酸盐亚区。

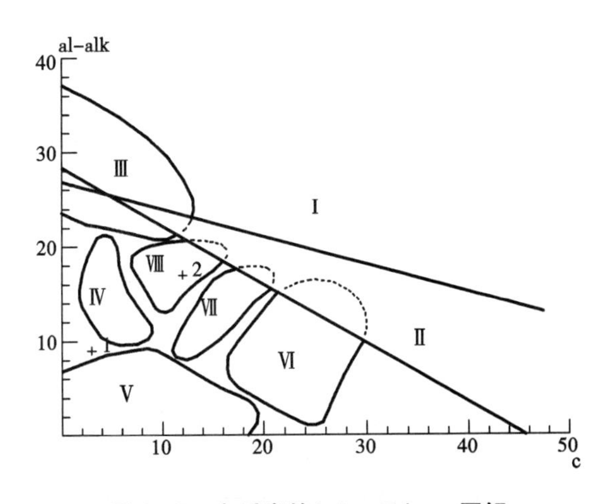

图4－7 变质岩的(al－alk)－c图解

Ⅰ—钙质泥灰岩；Ⅱ—白云质泥灰岩；Ⅲ—黏土岩；Ⅳ—中酸性凝灰岩；Ⅴ—角斑岩；
Ⅵ—细碧岩－玄武岩；Ⅶ—二长安山质凝灰岩；Ⅷ—英安质凝灰岩

1号样品落入了砂质沉积岩区，2号样品落在了火山岩区，其他样品由于c值高，al和fm值低，(al＋fm)－(c＋alk)为负值，投点分布在si横坐标的下面，属钙质碳酸盐岩。综上所述，对原岩进一步判别发现：1、2号片麻岩原岩主要为杂砂岩，伴有泥质成分，但原岩中含有较多的火山岩成分，且2号原岩火山岩成分多于1号；3、4、5号矽卡岩原岩为碳酸盐岩成分，含钙质较高，3、4号因含镁较高，原岩应属白云质泥灰岩，且所有矽卡岩样品均含有一定的砂质。

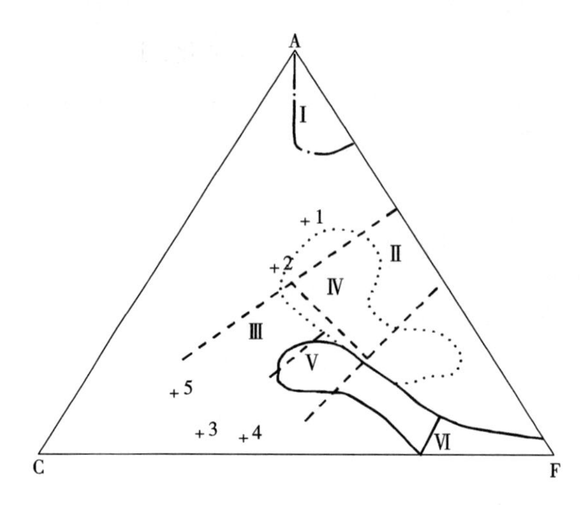

图4-8　ACF图解

Ⅰ—富铝黏土和页岩；Ⅱ—黏土和页岩；Ⅲ—泥灰岩；Ⅳ—杂砂岩；Ⅴ—玄武质岩和安山质岩；Ⅵ—超镁铁质岩

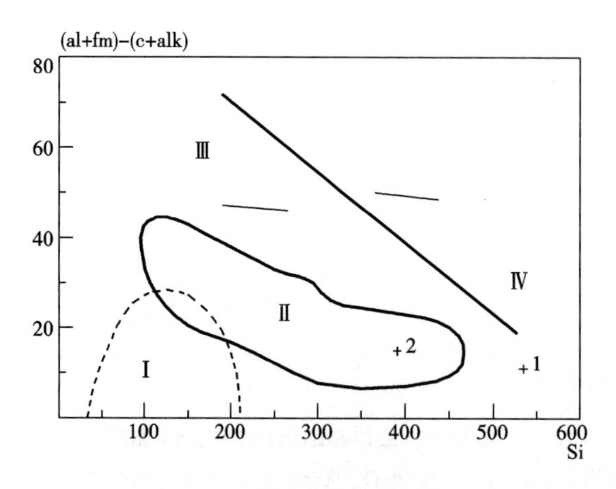

图4-9　变质岩原岩恢复方法

Ⅰ—钙质沉积物，Ⅱ—火山岩，Ⅲ—厚层泥岩，Ⅳ—砂岩

4.3.4　变质岩与成矿的时空分布关系

变质过程也是成矿元素迁移集中的过程。区域变质作用是形成含矿矽卡岩的重要阶段，导致矿源层中分散的成矿元素产生活化，迁移和富集。本区在区域变质作用过程中形成了简单矽卡岩，燕山晚期发生了重熔花岗岩侵位，岩浆热液对简单矽卡岩进行再改造，产生复变质作用，形成含矿复杂矽卡岩，其矿物组合复杂，并富含锡、钨、铜、铅、锌等成矿元素。

该区中、下寒武统地层自加里东阶段开始发生广泛的区域变质并一直延续到印支期，随着变质程度的加深，进一步发生碱质交代，注入新生脉体，发生混合岩化作用。区内出现的变质岩有：片岩类、变粒岩类、浅粒岩 - 石英岩类、大理岩类、矽卡岩类及片麻岩类。其中矽卡岩又分简单矽卡岩和复杂矽卡岩两类，简单矽卡岩矿物组合单一，粒度较细，有石榴石矽卡岩、透辉石矽卡岩、黝帘石矽卡岩等；复杂矽卡岩是岩浆热液交代的产物，矿物组合复杂，有透辉石绿泥石矽卡岩、透辉石透闪石矽卡岩、透闪石绿帘石矽卡岩等。根据变质岩的变质程度、矿物岩石组合及空间分布特征，自上而下依次分为绿片岩相→角闪岩相→混合岩相三个变质相带，岩石变质程度由浅至深，变质年代由老到新。早期浅变质绿片岩相以花岗岩体为中心，分布于变质带外缘，由片岩、大理岩、矽卡岩组成；中期变质角闪岩相，位于绿片岩相之下，由云母斜长片麻岩、黑云角闪片麻岩、云母变粒岩、角闪变粒岩及少量铁铝榴石矽卡岩组成；晚期深变质混合岩相，位于角闪岩相之下，紧邻花岗岩体，岩石组合有二云二长混合片麻岩、黑云二长混合片麻岩、条痕状花岗片麻岩、眼球状花岗片麻岩、花岗片麻岩等。

矿集区变质岩呈层状分布，上部为区域变质岩，下部为混合岩，两者为渐进变质关系。变质相带界线具波状起伏，呈犬牙交错相互过渡（见图 4 - 10、图 4 - 11）。由于花岗岩侵位和蚕蚀作用，原岩岩相变化频繁及区域性断裂展布方向，使变质带规模、岩石组合等均有较大变化，如铜街矿段 $\gamma_{53(b)}$ 白云母花岗岩侵位于角闪岩相带内，片麻岩厚度为数十至数百米，混合岩带极不发育；曼家寨矿段角闪岩相带片麻岩、变粒岩厚度 0 ~ 237 m，花岗混合片麻岩呈带状分布于 F_0 断裂之下盘；矽卡岩型矿床分布具有明显的层位性，即赋存于绿片岩相带（扩容带）下部（见图 4 - 12）。

从矿集区外围变质岩地层成矿元素含量分布可见，区域变质作用阶段是形成含矿矽卡岩的重要阶段，导致矿源层中分散的成矿元素产生活化、迁移和富集（将在第 5 章详述）。

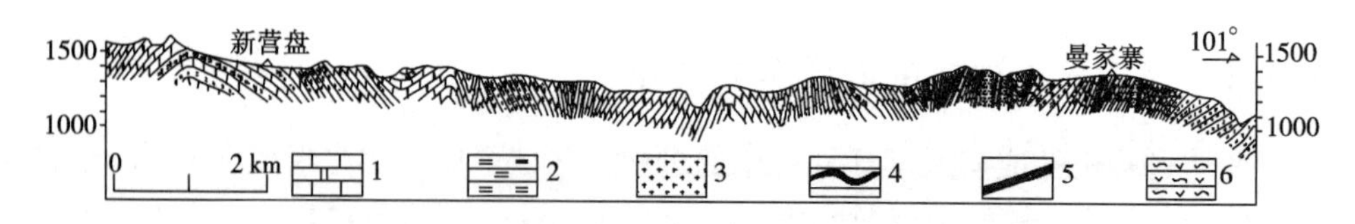

图 4-10　老君山矿集区新营盘—曼家寨 I 号剖面图

1—中厚层灰岩；2—云母片岩；3—花岗岩；4—石英脉；5—矿化矽卡岩；6—片麻岩

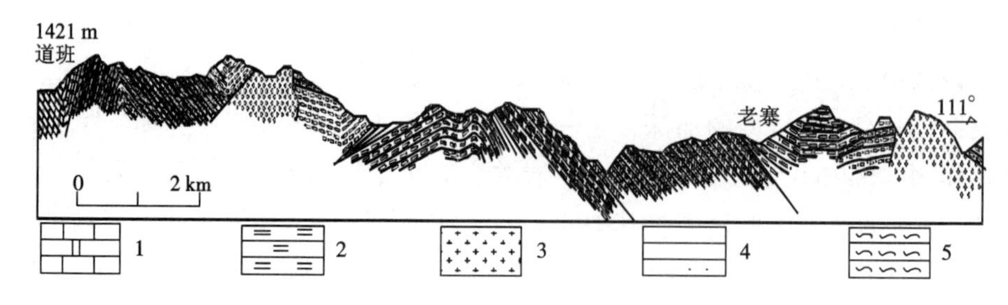

图 4-11　老君山矿集区道班—老寨Ⅲ号剖面图

1—中厚层灰岩；2—云母片岩；3—花岗岩；4—石英岩；5—片麻岩

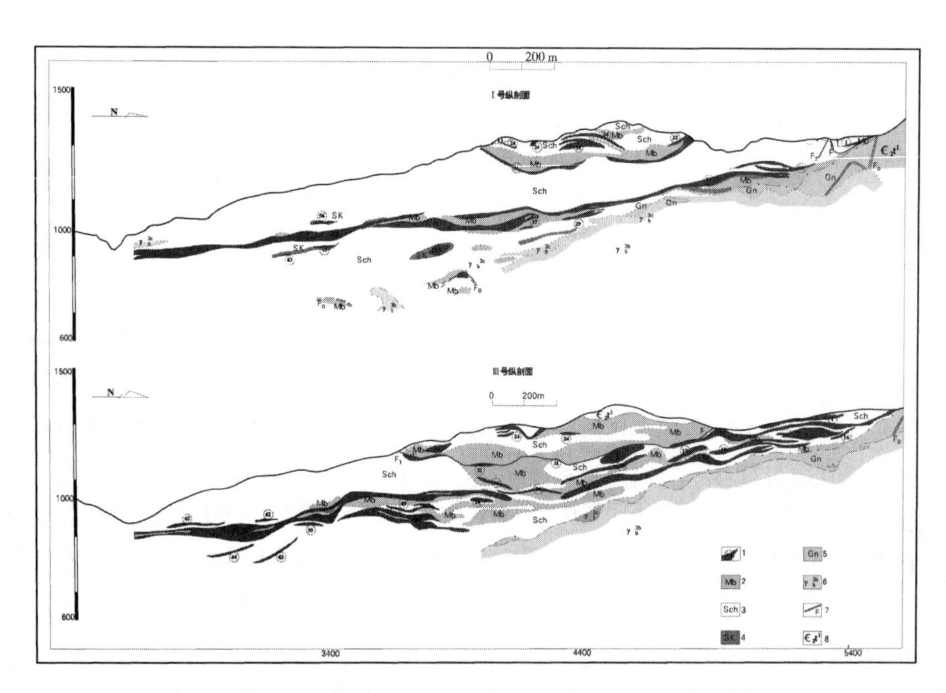

图 4-12　铜街—曼家寨矿段矿体纵向剖面图(据 317 队资料)

1—矿体及编号；2—大理岩；3—片岩；4—矽卡岩；

5—片麻岩；6—花岗岩；7—断层及编号；8—田蓬组第三段

4.4　矿集区岩浆活动及其与成矿的关系

矿集区岩浆活动强烈，岩浆岩主要为酸性岩。老君山花岗岩体，属燕山晚期花岗岩(89～118 Ma)，位于北西向的文山—麻栗坡断裂与马关—都龙断裂之间，受次级南北向、东西向构造的控制，侵位于中下寒武统区域变质岩、混合岩中，构成老君山穹隆的核部。

4.4.1　燕山期花岗岩产出特征

老君山花岗岩体为复式岩体，由 γ_5^{3a}、γ_5^{3b}、γ_5^{3c} 三个亚期组成，第一亚期(γ_5^{3a})为中粗粒二云母花岗岩，规模最大，约占岩体面积的2/3，呈岩基形式与中、下寒武统变质岩、混合岩接触；第二亚期(γ_5^{3b})为中细粒二云母花岗岩、白云母花岗岩，规模次之，约占岩体面积的1/3，呈岩株状侵入于第一亚期中；第三亚期(γ_5^{3c})为花岗斑岩，规模最小，呈岩脉沿南北向及东西向两组裂隙侵入第一、二亚期中或外接触带围岩中。在主体花岗岩体四周一定距离内，沿南北和东西向次级断裂构造交汇部位，往往出现一系列卫星小岩株，如北部的天生桥、马卡，南部的田坝心等处均可见到。

4.4.2　岩石学特征

花岗岩体以二云母花岗岩为主，岩石酸度高、富碱、铝过饱和，锡、钨、铍、锌等微量元素含量高。岩体内交代现象发育，具残留片麻理及阴影构造，暗色矿物主要为黑云母，角闪石极少见，斜长石牌号(An)小，三斜度大，有序化程度高，具陆壳改造型花岗岩特征，与矿集区多金属矿床有成因联系。

花岗岩组合单一，以二云母花岗岩为主，曼家寨隐伏岩体则为白云母花岗岩。各亚期花岗岩矿物组合、结构构造特征如下：

(1)第一亚期 $\gamma 5^{3a}$：为含斑中粗粒二云母花岗岩，组成矿物有微斜长石、斜长石、石英、黑云母、白云母。岩石结构为似斑状花岗结构。微斜长石粒径12 mm左右，多呈变斑晶，被其包裹溶蚀的早期更长石、黑云母嵌晶或补块残留于微斜纹长石中，斜长石早期为更长石，呈半自形，具钠长石双晶，粒径1.5 mm左右，晚期为更钠长石，呈他形晶。斜长石牌号An(15～20)，微斜长石三斜度为0.85～0.95。

石英呈不规则状他形产出，外缘呈弯曲状或不规则状，粒径0.26～0.78 mm。

黑云母、白云母呈片状、板状。

副矿物有磷灰石、钛铁矿、磁铁矿、锆石、榍石、萤石、电气石、锡石、独居石、锐钛矿、黄铁矿等。

(2)第二亚期 $\gamma 5^{3b}$：为中细粒二云母花岗岩、白云母花岗岩，岩石粒度随部位不同而有所变化，岩体中心矿物粒度较粗，边缘变细，岩性均一，不含或偶含斑晶。一般粒径为0.2~0.4 mm。片状矿物逐渐趋向单一，白云母增多，黑云母减少，由二云母花岗岩向白云母花岗岩演化。

副矿物有钛铁矿、锐钛矿、板钛矿、磁铁矿、榍石、锆石、独居石、锡石、磷灰石、萤石、电气石、斜黝帘石、黄铁矿。

第一、二期花岗岩交代现象比较普遍，主要交代作用有：

钾质交代：有微斜长石变斑晶熔蚀包裹更长石、黑云母、石英等晶粒，形成熔蚀结构和残留包粒结构。白云母交代钠长石、石英，形成蚕蚀包粒结构和嵌晶结构。

钠质交代：钠长石交代微斜长石或其他矿物，在其接触边缘形成蚕食状或不规则状交代净边结构，微斜长石中形成条板及穿孔结构。

硅质交代：石英呈超单晶形态或枝叉状蚕蚀交代微斜长石和微斜长石或白云母，形成穿孔结构。

(3)第三亚期 $\gamma 5^{3c}$：为花岗斑岩，可细分为钾长花岗斑岩、二长花岗斑岩。斑晶主要为钾长石、石英，次为斜长石、黑云母，一般钾长石大于石英。斑晶的成分、含量及粒度的变化，从岩脉中心至边缘黑云母含量渐次减少，斑晶从多斑至少斑，甚至无斑，基质粒度从微粒至霏细或隐晶状。

花岗斑岩基质由脱玻化微粒长石、石英及鳞片状绢云母组成。

副矿物有磷灰石、钛铁矿、锆石、磁铁矿、独居石、萤石(图版Ⅳ-4)、电气石、板钛矿、锐钛矿及后生叠加矿物黄铁矿、黄铜矿、锡石等。

花岗斑岩具斑状或多斑结构、熔蚀结构。基质具显微微粒花岗结构、显微鳞片结构。岩石交代现象不普遍，部分岩石可见钠长石交代微斜长石，形成交代条纹、蠕虫、穿孔、净边结构。斑岩中有时亦见绢云母化(图版Ⅳ-3)、绿泥石化及金属硫化物。

从花岗岩体岩石学特征表明，三个亚期花岗岩在成因上是同源的，只是生成条件有一定的差异。

4.4.3 岩石化学及微量元素特征

老君山花岗岩岩石具酸度高、富硅、富碱($K_2O > Na_2O$)、铝过饱和、贫钙、镁，富含B、F、CO_2 等挥发组分等特征，具“S”型陆壳重熔型花岗岩特征(表4-3，图4-13)。

表4-3 老君山矿集区花岗岩岩石化学成分表

岩体期次	样数	化学成分/%												
		SiO_2	TiO_2	Al_2O_3	Fe_2O_3	FeO	MnO	MgO	CaO	Na_2O	K_2O	P_2O_5	H_2O+	总和
老君山矿区 γ_5^{3a}	14	71.67	0.18	12.60	1.93	1.51	0.098	0.26	0.38	2.16	4.88	0.175	1.41	97.22
老君山外围 γ_5^{3a}	17	71.50	0.18	14.25	1.22	1.56	0.046	0.26	0.64	2.85	5.00	0.198	0.97	98.67
老君山外围 γ_5^{3b}	11	71.89	0.11	12.91	1.61	1.38	0.06	0.18	0.49	2.71	4.70	0.17	1.27	97.46
老君山矿区 γ_5^{3c}	15	72.57	0.13	11.66	2.14	2.06	0.05	1.02	0.49	1.04	5.03	0.17	1.16	97.97
老君山外围 Ⅲ-57	1	76.14	0.12	12.76	0.01	0.27	0.81	0.27	0.81	3.1	4.57	0.20	0.74	99.77
全区平均值	18	72.63	0.155	13.77	0.67	1.53	0.047	0.37	1.09	3.03	5.14	0.13	0.90	99.46

注：前四项数据由云南有色地勘局317队提供。

花岗岩中以锡、钨、锌成矿元素含量高为特点，平均含量高于酸性岩浆含量数倍至数十倍（表4－4），而Cr、Ni、Co、Ba含量低于克拉克值。与世界花岗岩比较，本区花岗岩除Ga、V、Cr、Ti、Hg偏低外，其余Sn、W、Pb、Ag、Be、Bi、As、Mo、Nb、Li、In等元素均高于世界花岗岩丰度值。

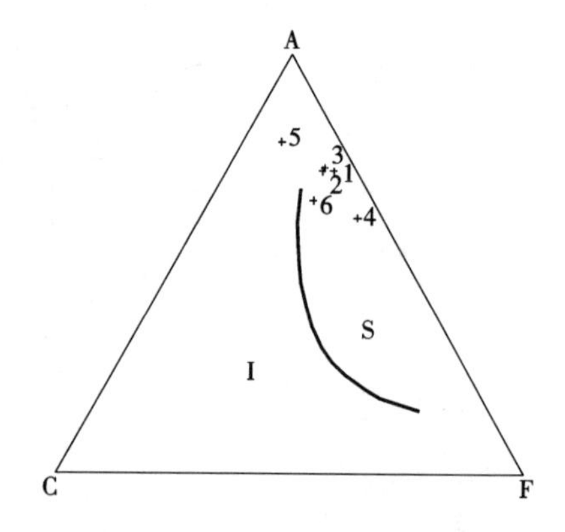

图4－13　S型、I型花岗岩判别图解

I—'I'型花岗岩；S—'S'型花岗岩

花岗岩体锡含量为0.006%～0.018%，高于花岗岩维氏值20～47倍，蚀变花岗岩含锡更高，表明挥发组分增多、蚀变作用加剧，对锡元素的富集极为有利。钨在不同阶段花岗岩的分布有一定差异，从早期至晚期渐次升高，高于酸性岩平均含量16～133倍。铜含量高于酸性岩平均含量5～10倍。锌含量自$\gamma_5^{3a}-\gamma_5^{3b}$呈现上升趋势，$\gamma_5^{3c}$则转为下降，岩体平均含锌高于酸性岩含量15～33倍。铅含量的变化显示出早－中期逐渐升高，晚期下降，岩体铅含量高于酸性岩含量14倍。氟含量从早到晚期逐渐升高，岩体平均含氟0.2437%，高于酸性岩平均含量3～4倍，氟与锡呈正相关，氟是成矿元素迁移、富集的重要载体，如曼家寨超大型锡锌矿床萤石化十分普遍。

花岗岩中微量元素的种类和丰度，显示出成矿元素在不同期次花岗岩浆中地球化学行为的差异，也反映了岩体为成矿物质来源之一。

据云南有色地勘局317队提供资料显示，矿集区元素的分布具以下特征：①中高温热液型元素W、Sn、Bi、Cu、As等在老君山穹隆构造的花岗岩体及接触带的变质岩系（老君山）聚集形成高含量区，在有利的构造部位形成异常或富集成矿。②中低温热液型的Pb、Zn、Ag、（Cu）、Au、Sb、Hg等在晚古生代地层及浅变质岩（小坝子－小锡板和桥头）的矿化和蚀变集中区形成高含量区（异常）和相应的矿产；③Cu、Ni、Co、Cr在玄武岩地区（麻栗坡县东北部八布）形成高含量区并富集成矿等。

表 4-4　老君山花岗岩微量元素含量表

岩体期次		γ_5^{3a}	γ_5^{3b}	γ_5^{3b}	γ_5^{3c}	花岗岩维氏值
岩石名称		含斑中-粗粒二云母花岗岩	中-细粒二云母花岗岩	中-细粒白云母花岗岩	花岗斑岩	
样品数		20	9	8	40	
元素平均含量(%)	Sn	0.01	0.006	0.013	0.011~0.018	0.0003
	W	0.0043	0.0025	0.02	0.006	0.00015
	Zn	0.026	<0.1	0.20	0.27~0.049	0.006
	Pb	0.012	0.027	0.063	0.005~0.009	0.002
	Cu	0.0069	0.0075	0.012	0.011~0.016	0.002
	As	0.027	0.01	0.13		0.00015
	Cr	0.0017			0.0011	0.0025
	V	0.0022	0.0015		0.001	0.004
	Ni	0.003	0.003			0.0008
	Bi	0.0018		0.022	0.003~0.004	0.00001
	F	0.024~0.584	0.16~0.23		0.053~0.378	0.08
	Zr	0.01	0.01		0.008	0.02
	Be	0.001	0.0018	0.0043	0.0005~0.00049	
	Ti	0.06			0.039~0.043	
	Ta	0.00073	0.0008			
	Nb	0.0025	0.0029			

注：数据由云南 317 队提供。

4.4.4　花岗岩与成矿的关系

花岗岩与锡、钨多金属矿床的关系主要表现在两个方面，一方面在岩浆侵位冷凝过程中，放出大量的热能，围岩中的成矿元素被活化，与此同时形成温压梯度，使岩浆后期热液的运移有了驱动力；另一方面，花岗岩的锡、钨、铅、锌等成矿元素丰度较高，为多金属矿床形成提供了物质基础。另外，花岗岩浆富含挥发组分氟，是成矿元素迁移富集的载体。

燕山晚期花岗岩成矿是矿集区重要的成矿阶段，早期壳源花岗岩以大量热能加热地下水，促进地下热水循环，使矿源层中的成矿元素活化转移并参与成矿，同时对区域变质时期形成的简单矽卡岩(成矿元素富集带)进行改造，形成复杂矽卡岩及层状、似层状锡锌多金属矿床；晚期重熔花岗岩侵位，汲取了大量成矿元素的岩浆热液沿第一亚期(γ_5^{3a})东西向裂隙充填交代形成脉状锡钨矿床。富含挥发组分的含矿热液继续向上运移，选择有利岩性(复杂矽卡岩)进行交代，形成层控矽卡岩型多金属矿床及碳酸盐型银铅锌矿床。

矿集区已发现的矿种及矿床(点)的分布与花岗岩息息相关，高温岩浆热液型锡、钨、铍脉型矿床展布于岩体内及接触带附近；沉积－变质－岩浆热液叠加富集型矿床，分布在近接触带外带有利地层岩石中；中低温热液脉型铅、锌、银、铜等矿床分布于远接触外带地层构造带中。

第 5 章　矿集区稳定同位素、稀土、微量元素及包裹体成分特征

5.1　稳定同位素特征

5.1.1　硫同位素特征及硫的来源

矿床形成过程中，不同来源的硫具有不同的同位素组成。表 5－1 为都龙老君山锡锌多金属矿集区硫化物的硫同位素组成。$\delta^{34}S$ 值变化范围为－1.5‰～+9.3‰，极差为 10.8‰，平均为＋1.81‰，具有一定的塔式效应，并向正值偏移（图 5－1）。前人研究的流体包裹体测温结果和矿石中硫化物占绝对优势的矿物组合特征[19]，表明硫化物的硫同位素组成大致可以代表成矿流体的硫同位素组成。另外，随沉积层序向上（铜街、曼家寨和辣子寨为$Є_2t_2$，岩冲为$Є_2t_2$—$Є_2t_3$，水洞厂为$Є_2t_3$—$Є_2t_4$），硫同位素组成表现出逐步增大的趋势。

表 5－1　老君山锡矿床金属硫化物硫同位数组成

采样区	样号	测定矿物	$\delta^{34}S$/‰	取样地点	资料来源
北矿段	T1－1	磁黄铁矿	0.6	铜街采场	宋焕斌[18]（1986）
	都硫 5	铁闪锌矿	2.6	1 号采样点	西南有色地质勘探公司 317 地质队
	都硫 6	铁闪锌矿	1.6	125 剖面	
	A1005－1	铁闪锌矿	1.2	铜街地表	
	A1010	黄铁矿	2.2	ZK11303	西南有色地质勘探公司地质研究所
	A1026	黄铁矿	9.3	ZK11303	
	A1028	黄铁矿	3.8	ZK11306	
	A1078	毒砂	0.2		
	ZK806－62	毒砂	0.4		
	A1005－3	铁闪锌矿	1.0	铜街地表	
	A1005－2－2	磁黄铁矿	7.0		

续表 5－1

采样区	样号	测定矿物	$\delta^{34}S$/‰	取样地点	资料来源
中矿段	5901－1	磁黄铁矿	0.8	ZK5901	宋焕斌[18]（1986）
	2701－1	磁黄铁矿	0.4	ZK2701	
	1101－1	磁黄铁矿	－0.7	ZK1101	
	都硫 7	铁闪锌矿	－1.5	3 号采样点	西南有色地质勘探公司 317 地质队
	都硫 8	铁闪锌矿	1.0	12 号采样点	
	都硫 10	铁闪锌矿	2.7	ZK59－11	
	都硫 11	黄铜矿	0.6	4701 坑	
南矿段	都硫 9	铁闪锌矿	0.4	25－1 坑口	
	L1－1	铁闪锌矿	1.8	辣子寨	宋焕斌[18]（1986）
	L1－2	磁黄铁矿	1.8	辣子寨	

硫同位数统计分析表明，成矿热液的总硫同位素特征可分为三类：第一类 $\delta^{34}S$‰值接近 0 值，硫源应为地幔来源，或地壳深部大量地壳物质均一化的结果，花岗岩中的硫同位素组成 $\delta^{34}S$‰也位于 0 值附近；第二类来源于海水或沉积地层中的 $\delta^{34}S$‰值则为较大的正值，$\delta^{34}S$‰ = ＋20 左右；第三类硫同位素值属于上述两种类型之间的过渡类型，$\delta^{34}S$‰ = ＋5 ~ ＋15，硫源应为局部围岩或混合源。

将 $\delta^{34}S$‰值接近零作为判别成矿物质来源于老君山花岗岩的依据之一[2, 17, 18]，不能很好地解释该矿床中保留了大量的沉积和变质成因标志。对现代海底热水沉积体系和众多的古代热水沉积矿床的研究表明，深部岩浆房是引起热水循环的根本机制，$\delta^{34}S$‰值接近零暗示硫也有可能来自深部岩浆房。另外，地壳岩石和海水硫酸盐的还原作用，均可以产生近于零的 $\delta^{34}S$‰值[274]，变质作用也可使离散的硫同位素组成发生一定程度的均一化。

不同地区、不同地质环境下，现代海底热水体系形成的硫化物的 $\delta^{34}S$‰值变化于 2.5 ~ 5.6 之间，平均为（4.7 ± 1.1）‰，与块状硫化物矿床（包括 VMS 型和 SEDEX 型）硫化物的 $\delta^{34}S$‰值十分接近。本区矿石中硫化物的 $\delta^{34}S$‰值，与上述的这些特征值基本一致。研究表明，SEDEX 型矿床硫化物的 $\delta^{34}S$‰值变化范围较大，且与同时期海水的硫同位素组成有一定的相关关系，平均存在约 17‰的差值[275]。这有力地证明，硫主要来源于同时期海水硫酸盐。目前普遍认可的解释是：海水硫酸盐与下伏岩石的含铁组分发生反应而产生无机还原作用[274, 276, 277]。

据 317 队资料，矿集区区外围不含矿地段的田蓬组（$Є_2t$）第二段至第四段的片岩中顺层产出的沉积成因的细粒黄铁矿曾获得 $\delta^{34}S$‰值为 ＋21，与矿床中硫化

物的 $\delta^{34}S$ 平均值之差约为 19‰，十分接近 17‰这一特征值。

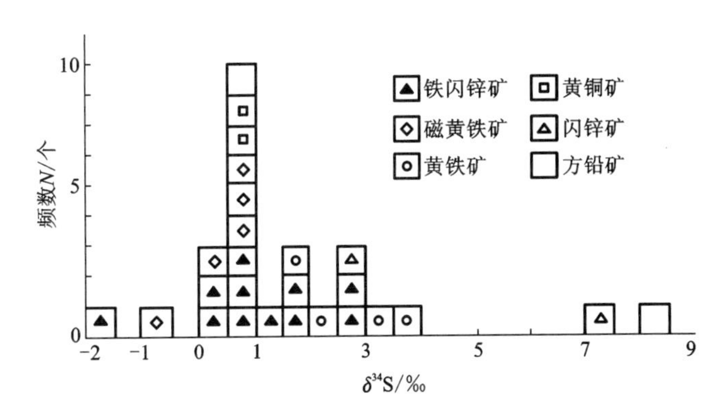

图5-1 老君山矿集区不同类型矿石及围岩硫同位素分布直方图(据刘玉平等[36])

另外，在矿集区范围内不同地层层位中的矿体间，块状硫化物矿床硫同位素组成具有分组现象[278, 279]。如前文所述，该矿床的硫同位素组成随沉积层序向上而表现出逐步增大的趋势，与这种分组现象十分相似。可以推测，老君山矿集区硫同位素组成的上述特征，反映了深部岩浆房和海水硫酸盐这两种不同源区所提供的硫，在热水沉积作用中可能存在动态的混合过程，总体上表现出随层序向上深部岩浆源硫所占比例逐步减少的趋势。

老君山矿集区大量的硫同位素资料的分析表明，老君山全区 $\delta^{34}S$‰主要变化范围介于 -1.5 ~ 9.3，并分别在 0 附近和 +3 附近呈现双峰式塔状分布，这种较大的变化显示硫的多来源性。其中 $\delta^{34}S$‰峰值在 0 附近的硫反映出均一化了的地壳深部物质重熔型岩浆源，以及部分深源基性岩浆系列的幔源硫；另一类 $\delta^{34}S$‰峰值在 +9 附近的硫，包括 $\delta^{34}S$‰最大值 +24 硫，则代表以生物地层沉积硫和海水硫酸盐为主，并可能混入了岩浆硫源。

综上所述，老君山锡锌多金属矿集区尽管经历了变质作用和岩浆热液作用的叠加，但其硫同位素组成仍然保留了 SEDEX 型矿床的一些特征，硫主要来源于热水沉积期间深部岩浆房和海水硫酸盐(两者可能存在混合机制)。当然，燕山期岩浆热液作用也有不容忽视的贡献，在区域变质作用下可能发生了一定程度的硫同位素均一化。

5.1.2 铅同位素特征及铅的来源

老君山矿集区围岩和硫化物的铅同位素分析结果见表5-2。矿石、花岗岩和花岗片麻岩的铅同位素组成均较稳定，并彼此十分接近。而大理岩、片岩的铅同位素组成变化范围均较大，且两者表现出较好的线性相关特点。结合含矿地段大理岩、片岩呈指状交错，大理岩中含有较多泥质组分的地质事实，推断这种线性关系可能由铅同位素的混合机制所致。

表5－2　老君山锡锌多金属矿集区围岩和矿石的铅同位素组成

类别	样品编号	测试对象	铅同位数组成(1σ误差)			模式年龄/Ma	μ
			$n(^{206}Pb)/n(^{204}Pb)$	$n(^{207}Pb)/n(^{204}Pb)$	$n(^{208}Pb)/n(^{204}Pb)$		
花岗片麻岩	Stp－1	长石	18.763±0.001	15.693±0.001	38.832±0.001	92	10.00
	DLG－30		18.434±0.001	15.644	38.514	235	9.87
花岗岩	LDL－57		18.404	15.674	38.869	318	10.01
	LDL－56		18.533	15.738	39.127	349	10.26
	LJS－5		18.662	15.708	39.025	197	10.09
花岗斑岩	YX－4		18.623	15.760	39.187	328	10.33
	ZK83049－56		18.538	15.675	38.902	221	9.98
	ZK83049－56	黄铁矿	18.625	15.704	38.986	216	10.08
片岩	ZP－8	全岩	19.032	15.760	39.931	35	10.24
大理岩	ZP－21		18.330	15.627	38.605	278	9.82
	P12－1*		17.744	15.513	38.057	491	9.47
	P12－2*		18.658	15.681	39.219	145	9.97
	P13－2*		17.314	15.496	37.808	788	9.95
	LDL－103		18.481	15.653	38.865	218	9.89
矿石	LDL－76	磁黄铁矿	18.524	15.679	38.951	240	10.00
	LDL－76	铁闪锌矿	18.527	15.694	39.043	268	10.06
	LDL－90		18.533	15.685	39.126	245	10.02
	LDL－95		18.474	15.652	38.848	222	9.89
	LDL－25	黄铜矿	18.560	15.771	39.226	393	10.40
	LDL－102	闪锌矿	18.515	15.717	39.082	322	10.17
	LDL－104	方铅矿	18.473	15.655	38.873	229	9.90
	LDL－105	黄铁矿	18.495	15.679	38.946	261	10.00

注：引自文献[36]刘玉平等2000。

矿集区中矿石和围岩的铅同位素多属于高值铅，除两个大理岩的$\mu<9.5$外，其余样品的μ值都为10左右。矿石铅两阶段模式年龄为222～393 Ma，平均为282 Ma，低于含矿地层年龄，但这组年龄值却与老君山地区区域变质作用时代（从海西期至印支期，其中印支期达到变质高峰）一致，在一定程度上反映了区域变质作用的成矿意义[36]。

有研究表明[279, 280]，绝大多数SEDEX型矿床中的铅同位素组成投影在Stacey和Kra-mers平均增长曲线附近，且一般位于该曲线上方。本矿集区的矿石铅也具有这一特征，结合矿石中变余胶状结构、纹层状－条带状构造等沉积成因的组构，暗示了热水沉积作用在成矿过程中具有重要意义。

通过与围岩铅同位素组成对比，可见矿石铅基本处于花岗片麻岩、田蓬组变质岩铅和花岗岩铅之间，反映矿石铅可能是围岩铅混合的产物。尤其是基底前寒武系变质岩中的花岗片麻岩和老君山花岗岩，与该矿集区矿石具有十分相似的铅同位素组成特征，它们可能就是矿石铅的主要源区。

把收集的矿集区铅同位素分成5组（花岗岩和花岗斑岩合为一组，其他岩石样品各为一组）投影到Zartman等[281]的铅同位素$n(^{208}Pb)/n(^{204}Pb)-n(^{206}Pb)/n(^{204}Pb)$、$n(^{207}Pb)/n(^{204}Pb)-n(^{206}Pb)/n(^{204}Pb)$（图5－2）构造环境判别图解上，大部分样品数据均分布在地幔演化和造山带演化线之间且集中于造山带演化线一侧以及下地壳。

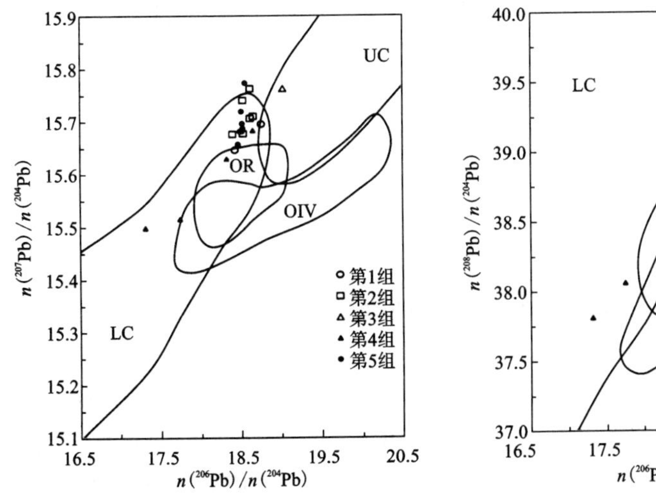

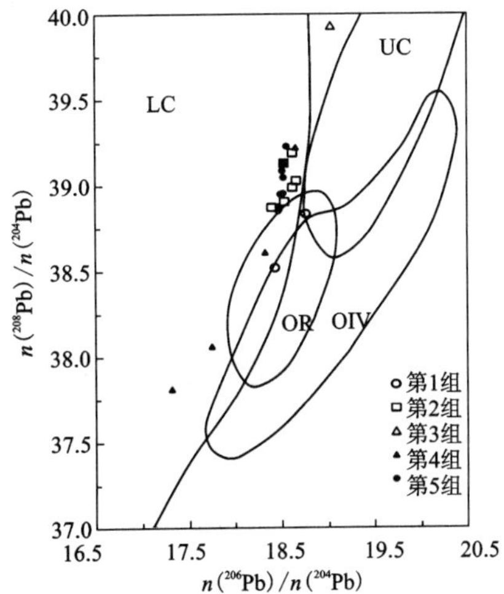

图5－2 铅同位素$n(^{207}Pb)/n(^{204}Pb)-n(^{206}Pb)/n(^{204}Pb)$、$n(^{208}Pb)/n(^{204}Pb)-n(^{206}Pb)/n(^{204}Pb)$构造环境判别图解

（底图引自Zertman等，1981）

1. Lc—下地壳；2. OR—造山带；3. OIV—洋岛火山群；4. UC—上地壳

综上所述，老君山锡锌多金属矿集区中铅具有多来源的特点。其中矿石铅主要来源于中寒武世田蓬期深循环海水流经的基底前寒武系变质岩和燕山期老君山花岗岩，并在热水沉积成矿阶段和区域变质阶段受到围岩铅的混染。

5.1.3 铷－锶同位素特征

将本区采用硫化物和石英单矿物的8个Rb－Sr同位素组成(表5－3)投影于$n(^{87}Sr)/n(^{86}Sr)-n(^{87}Rb)/n(^{86}Sr)$等时线图解[36]，由此获得了一条$t=(76.7\pm3.3)$Ma、$I_{Sr}=0.71620\pm0.00598$、$\gamma=0.99916$的等时线。而三个弱蚀变花岗岩(第一期岩相)样品，获得了一条$t=(66.9\pm5.0)$Ma、$I_{Sr}=0.7302\pm0.00267$、$\gamma=0.99756$的参考等时线。其I_{Sr}与老君山岩体第二期岩相$I_{Sr}=0.732$一致，反映样品所遭受的蚀变对其同位素体系的扰动较小[2]。而变质岩的线性关系较差，反映其同位素组成未达到均一化。位于田蓬组之上的龙哈组大理岩LDL－82号样品的$n(^{87}Sr)/n(^{86}Sr)=0.709922$，与含矿的田蓬组大理岩在锶同位素组成上存在显著差别，而与寒武纪海水$n(^{87}Sr)/n(^{86}Sr)$比值(≈0.7092)非常接近[282, 283]，表明两套大理岩的Rb－Sr同位素体系受成矿作用的影响程度存在很大的差别，体现了矿化具有明显的层控特征。

矿集区矿石单矿物的Rb－Sr等时线年龄$t=(76.7\pm3.3)$Ma，与本区蚀变花岗岩的Rb－Sr等时线年龄，以及矿石中云母等蚀变矿物的K－Ar年龄所反映的岩浆热液作用的时代吻合。该年龄与矿石单矿物的Rb－Sr等时线年龄$t=(75.0\pm5.6)$Ma基本一致[284]，表明矿石在全岩尺度上发生了锶同位素均一化，可能因较强烈的岩浆热液活动的叠加所致。相比而言，同属于老君山矿集区但受岩浆热液作用影响较小的新寨锡矿床和南秧田钨矿床的Rb－Sr等时线年龄分别为(243.2 ± 34.9)Ma和(214.3 ± 15.6)Ma，结合前述矿石铅同位素模式年龄的特征，这两个矿床的Rb－Sr等时线年龄反映了印支期变质作用在区域成矿中具有重要意义。

矿集区矿石类样品所获得的$I_{Sr}=0.71620\pm0.00598$，而南秧田矿床和新寨矿床的I_{Sr}分别为0.7159 ± 0.00083、0.7236 ± 0.00157[284]，这种区域性的一致，暗示了三者锶同位素具有相同的源区。这组比值既明显区别于老君山花岗岩的I_{Sr}，又不同于寒武纪海水的锶比值，而与大陆古老硅铝质岩石的锶比值(0.720 ± 0.005)吻合[285]。而区域上最可能具有这种锶比值特征的源区为基底前寒武系变质岩。因此，Rb－Sr同位素地球化学特征，呼应了基于铅同位素地球化学特征作出的基底前寒武系变质岩是金属成矿重要源区的推断，同时反映了岩浆热液活动在成矿中具有不可忽视的作用。

表 5－3　老君山锡锌多金属矿集区的铷、锶同位素组成

类别	样号	测试对象	Rb /Ma	Sr /Ma	$n(^{87}Rb)/n(^{86}Sr)$	$n(^{87}Sr)/n(^{86}Sr)$	$n(^{87}Rb)$	$n(^{86}Sr)$	$n(Rb)/n(Sr)$
花岗岩	LDL－30	全岩	598.684	107.211	16.1816	0.744232 ± 20	1.943780	0.120123	5.584
	LDL－46		367.201	17.360	61.5558	0.788205 ± 33	1.192210	0.019368	21.152
	LDL－56		562.621	59.010	27.6657	0.758190 ± 16	1.826690	0.066027	9.534
片岩	ZP－8		408.602	41.844	28.3797	0.774469 ± 70	1.326630	0.046746	9.765
	P13－1		173.611	18.294	27.6351	0.794869 ± 70	0.563673	0.020397	9.490
大理岩	ZP－21		10.606	156.906	0.195559	0.728079 ± 31	0.034434	0.176079	0.068
	LDL－82		13.582	608.504	0.064464	0.709922 ± 24	0.044098	0.684075	0.022
	LDL－102		39.597	722.540	0.158312	0.712390 ± 23	0.128562	0.812078	0.055
矿石	LDL－72	石英	1.775	0.693	7.40908	0.725019 ± 53	0.005763	0.000778	2.561
	LDL－76	闪锌矿	34.551	0.787	128.668	0.857438 ± 99	0.112177	0.000872	43.902
	LDL－76	石英	167.348	6.705	72.7676	0.806588 ± 40	0.543337	0.007467	24.959
	LDL－77	石英	53.680	0.594	268.4	1.004910 ± 82	0.174285	0.000649	90.370
	LDL－78	石英	51.302	0.665	230.792	0.966600 ± 81	0.168188	0.000729	77.898
	LDL－102	闪锌矿	0.241	1.265	0.550543	0.714179 ± 17	0.000783	0.001422	0.191
	LDL－104	方铅矿	0.031	0.233	0.386476	0.712683 ± 50	0.000101	0.001262	0.133
	LDL－129	石英	5.479	58.664	0.269834	0.713928 ± 20	0.017789	0.065924	0.093

注：引自文献[36]（刘玉平等，2000）。

5.2 稀土元素特征

稀土元素(REE)是一个连续的地球化学元素组，位于周期表中ⅢB族，包括从La到Lu的镧系元素和第39号元素Y。由于稀土元素组内各元素具有相似的晶体化学性质，使得他们在各种地质作用和造岩过程中表现有相近的地球化学习性，常作为一个整体运移，以痕量元素加入到各种造岩矿物中；但由于每一个具体的稀土元素之间毕竟存在微小的差别以及反映地质环境的物理化学条件的不同，造成这些元素迁移的方式和聚集的程度有所不同，表现在同一地质体和地质相中则有其不同的组成。因此利用稀土元素组成特征可以用于探讨各种地质体的形成环境、演化机理以及成岩成矿物质来源等问题。

综合整理都龙老君山岩体的稀土分析数据，对区内与成矿关系密切的矽卡岩、花岗岩以及不同类型的矿石、围岩，进行了有关稀土元素地球化学参数的计算，并在对原始测试数据进行球粒陨石标准化后，采用Microsoft Excel应用软件分别建立了各种岩石、矿石的稀土元素配分模式(见表5-4、表5-5、表5-6及图5-3、图5-4、图5-5)。计算中采用赫尔曼球粒陨石稀土元素标准丰度值。

表5-4 老君山花岗岩稀土元素数值表($w/10^{-6}$)

岩体代号	γ_5^{3a}	γ_5^{3b}	γ_5^{3c}	Ⅲ-57
岩体名称	含斑中-粗粒二云母花岗岩	细-粗粒二云母花岗岩	花岗斑岩	花岗岩
样品个数	7	2	2	1
La	32.4	15.5	17.7	20.29
Ce	68.1	30.3	36.35	40.52
Pr	6.29	2.48	4.00	4.64
Nd	27.7	13.00	15.3	18.09
Sm	5.9	2.44	3.07	3.80
Eu	0.51	0.25	0.186	0.39
Gd	4.34	1.84	2.28	2.72
Tb	0.58	0.20	0.341	0.36
Dy	3.25	1.55	1.77	1.80
Ho	0.59	0.16	0.33	0.31
Er	1.42	0.68	0.81	0.75
Tm	0.20	0.10	0.10	0.11
Yb	1.38	0.75	0.876	0.68
Lu	0.125	0.083	0.155	0.10
Y	15.0	7.55	8.54	8.58
资料来源	安保华[286](1990)			本书

表5-5 老君山花岗岩稀土元素球粒陨石标准化参数表

样号	$w(\sum REE)/10^{-6}$	$w(\sum LREE)/10^{-6}$	$w(\sum HREE)/10^{-6}$	$w(L)/w(H)$	$w(La)/w(Yb)$	$w(La)/w(Sm)$	$w(Gd)/w(Yb)$	$w(Ce)/w(Yb)$	$w(Sm)/w(Nd)$	δEu
Ⅲ-57	103.140	87.730	15.410	5.693	17.72	3.34	2.45	12.04	0.63	0.38
γ_5^{3a}	167.785	140.90	26.885	5.241	13.94	3.43	1.93	9.97	0.64	0.32
γ_5^{3b}	76.883	63.970	12.913	4.954	12.27	3.97	1.50	8.17	0.56	0.38
γ_5^{3c}	91.808	76.606	15.202	5.039	12.00	3.60	1.60	8.39	0.60	0.22

表5-6 老君山片岩及矽卡岩稀土元素地球化学参数表($w/10^{-6}$)

样号	La	Ce	Pr	Nd	Sm	Eu	Gd	Tb	Dy	Ho	Er	Tm	Yb
DLG61	0.948	1.887	0.22	0.84	0.215	0.155	0.29	0.045	0.267	0.069	0.273	0.06	0.376
DLG95	4.586	8.861	0.985	4.077	0.668	0.113	0.656	0.116	0.727	0.153	0.48	0.079	0.457
DLG133	0.472	1.199	0.158	0.741	0.188	0.018	0.146	0.019	0.172	0.031	0.102	0.021	0.155
DLG124	8.896	17.494	1.91	7.656	1.294	0.24	1.108	0.165	1.179	0.226	0.713	1	8.07
DLG125	4.622	9.057	1.104	4.291	1.089	0.226	1.556	0.318	2.067	0.426	1.349	0.18	1.531
NYT-3-6	73.4	134	15.8	57.9	9.44	1.66	8.33	1.12	7.05	1.8	4.16	0.6	3.05
NYT2-2-1	22.9	43.3	5.68	20.1	3.62	1.18	3.37	0.5	3.18	0.81	1.99	0.25	1.28
NYT-2-5	46.1	92.1	10.6	39	7.72	1.71	6.67	1.05	6.52	1.76	3.55	0.5	2.47
Ⅰ-56	9.38	18.59	2.36	8.69	2.3	0.29	2.51	0.52	3.42	0.64	1.71	0.26	1.62
MLP0720	30.24	61.68	6.94	24.38	5.51	0.81	5.33	0.87	5.17	1.02	2.83	0.46	2.97
MLP0723	8.44	15.1	1.68	5.82	1.16	0.27	1.03	0.15	0.92	0.19	0.52	0.08	0.53
MLP0727	0.52	1.25	0.16	0.58	0.19	0.16	0.17	0.03	0.16	0.04	0.11	0.02	0.13
M1-9-2	15.32	34.3	3.66	15.67	0.61	3.22	3.97	0.61	3.37	0.76	2.19	0.34	2.25
M1-11-2	64.69	165.4	18.72	65.8	10.17	2.96	7.74	1.03	5.35	1.07	2.6	0.39	2.33
M1-13-1	46.88	100.8	11.57	40.76	7.96	1.72	7.34	1.06	6.25	1.27	3.34	0.51	3.47
Ⅰ-107	49.05	102.5	12.56	41.11	9.04	1.98	9.34	1.33	7.35	1.44	3.62	0.55	3.78

续表 5-6

样号	Lu	Y	∑REE	∑LREE	∑HREE	w(L)/w(H)	w(La)/w(Yb)	w(La)/w(Sm)	w(Gd)/w(Yb)	w(Ce)/w(Yb)	w(Sm)/w(Nd)	δEu
DLG61	0.03	2.099	7.774	4.27	3.504	1.219	1.50	2.76	0.47	1.01	0.77	2.11
DLG95	0.059	4.432	26.449	19.29	7.159	2.695	5.96	4.29	0.88	3.92	0.49	0.57
DLG133	0.023	0.959	4.404	2.78	1.624	1.712	1.81	1.57	0.58	1.56	0.76	0.35
DLG124	1.19	68.83	119.971	37.49	82.481	0.455	0.65	4.30	0.08	0.44	0.51	0.65
DLG125	0.2	22.211	50.227	20.39	29.837	0.683	1.79	2.65	0.62	1.20	0.76	0.59
NYT-3-6	0.6	37.7	356.61	292.20	64.414	4.54	14.29	4.86	1.67	8.88	0.49	0.61
NYT2-2-1	0.27	19.3	127.730	96.78	30.950	3.127	10.62	3.95	1.61	6.84	0.54	1.12
NYT-2-5	0.46	35.2	255.410	197.23	58.180	3.390	11.08	3.73	1.66	7.54	0.59	0.78
Ⅰ-56	0.22	19.89	72.400	41.61	30.790	1.351	3.44	2.55	0.95	2.32	0.79	0.41
MLP0720	0.45	28.21	176.870	129.56	47.310	2.739	6.05	3.43	1.10	4.20	0.68	0.50
MLP0723	0.09	4.97	40.950	32.47	8.480	3.829	9.46	4.55	1.19	5.76	0.60	0.81
MLP0727	0.02	1.14	4.680	2.860	1.820	1.571	2.38	1.71	0.80	1.94	0.98	2.93
M1-9-2	0.35	23.27	109.890	72.78	37.110	1.961	4.04	15.70	1.08	3.08	0.12	5.56
M1-11-2	0.33	26.52	375.100	327.74	47.360	6.920	16.49	3.98	2.04	14.35	0.46	1.07
M1-13-1	0.55	30.28	263.760	209.69	54.070	3.878	8.02	3.68	1.30	5.87	0.59	0.74
Ⅰ-107	0.58	32.8	277.030	216.24	60.790	3.557	7.71	3.39	1.51	5.48	0.66	0.72

注：1-5 号样引自文献[9]；6-8 号样引自文献[8]；9-16 号由武汉综合岩矿测试中心测试。

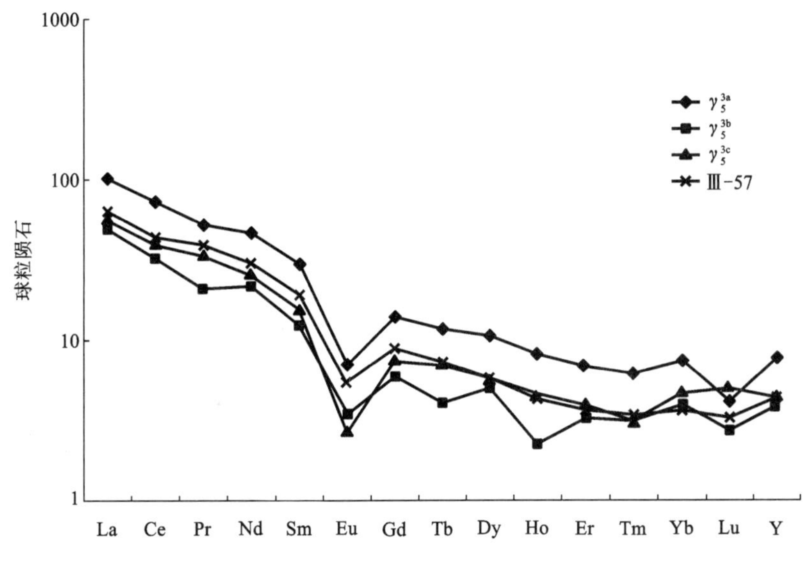

图 5－3　老君山矿集区花岗岩球粒陨石标准化稀土分布模式

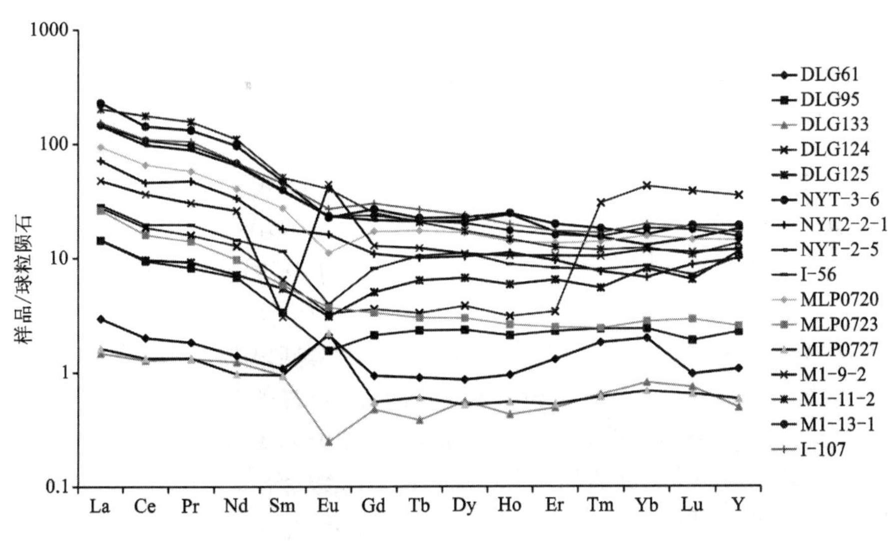

图 5－4　老君山矿集区围岩及矽卡岩标准化稀土分布模式

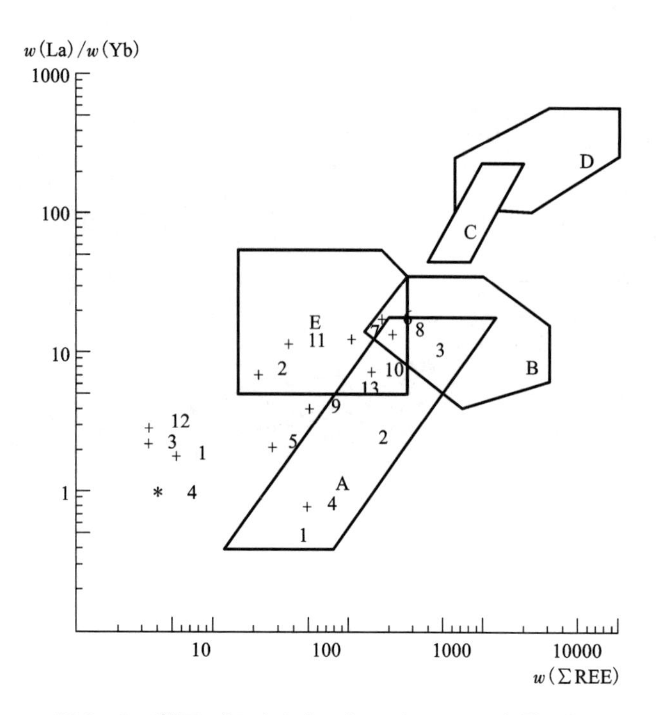

图5-5　岩石 w(La)/w(Yb)-w(∑REE)含量图解

(据 C. J. Alleyre,1973)

A—玄武岩：1—大洋拉斑玄武岩，2—大陆拉斑玄武岩，3—碱性玄武岩；B—花岗岩；C—金伯利岩；D—碳酸盐岩；E—钙质泥岩；*—球粒陨石

5.2.1　燕山期花岗岩稀土分布特征

根据老君山矿集区燕山晚期不同阶段含锡花岗岩稀土元素分析值(表5-4、表5-5)及其稀土元素配分模式(图5-3)，可以得出：

(1)所有岩体稀土配分曲线均向右倾，δEu<1，表现明显的Eu负异常，与我国华南地区大部分壳源型花岗岩稀土配分特征相似，说明老君山含锡、钨花岗岩属于地壳硅铝层部分熔融进而通过结晶分异作用形成的复式花岗岩。

(2)一般认为一个复式岩体从早到晚其稀土元素分布常出现有规律性的变化趋势。但老君山复式杂岩体，从早到晚由 $\gamma_5^{3a}\rightarrow\gamma_5^{3b}\rightarrow\gamma_5^{3c}$，稀土元素分布的规律性并不十分明显。说明尽管同属于壳源重熔型花岗岩，但由于岩浆演化阶段不同，壳源物质熔融程度以及岩浆侵入时与围岩同化混染程度不同而使其稀土元素分配更趋复杂。

(3)从三亚期岩体的稀土配分特征上看，w(LREE)/w(HREE)=4.954～5.241；δEu=0.22～0.38，属中偏低负异常；$(La/Yb)_N$=12～13.94，$(Ce/Yb)_N$=

8.17 ~ 9.97，$(La/Sm)_N$ = 3.43 ~ 3.97，属相对富轻稀土型；$(Gd/Yb)_N$ = 1.50 ~ 1.93，属重稀土亏损型。

5.2.2　围岩、矽卡岩稀土分布特征

在综合前人资料的基础上，依据稀土测试数据计算的稀土元素地球化学参数（见表 5 -6 及图 5 -4），区内围岩稀土元素配分模式的分析，可以得出如下认识：

(1) 老君山岩石样品中稀土元素总量（∑REE）具有较大的变化范围，$w(\sum REE) = (4.404 \times 10^{-6} \sim 375.1 \times 10^{-6})$，$w(\sum LREE)/w(\sum HREE)$ = 0.455 ~ 6.920，δEu = 0.35 ~ 5.56，

稀土元素配分模式以及上述主要参数，与一些典型的热水沉积物相近，表明与热水沉积作用有关。其中 δEu 为中等正异常到中等负异常，可能主要反映了热水流体的温度从高温（t > 250℃）到低温的变化，亦可能为不同比例的海水与热水流体混合的结果。其中∑REE 值较高的原岩疑为沉积岩，部分为酸性岩，低值者为碳酸盐岩，与原岩恢复结论一致。

(2) δEu 变化不大，除 5 个样品的值为大于 1 以外，其余 11 个样品范围在 0.35 ~ 0.81，为弱的负异常，Eu 亏损和富集特征都不明显，说明其为地幔来源受到地壳混染的产物。

(3) 反映轻稀土元素和重稀土元素内部分异特征的指标 $(La/Sm)_N$ 在 1.57 ~ 15.7 之间，显示出轻稀土和重稀土内部均出现一定分异，其中轻稀土元素内部分异更为显著；$(Gd/Yb)_N$ 主要在 0.47 ~ 2.04 之间，说明曲线斜率中等，具向右倾斜的特点。

(4) 综合 16 个矿区岩石样品标准化稀土元素分布模式，结合本区大地构造环境的分析，可以看出在地壳的构造演化过程中，从地槽向地台演化过程中稀土元素在沉积岩中的再分布加强，除少量岩石样品外轻稀土普遍含量增加。这主要是由于构造环境的稳定程度不同而导致了岩浆活动和沉积分异作用强度的差异，特别是后期岩浆侵入活动起着重要的作用。

(5) 按表 5 -6 中编号为 1，2，…，13 的样品分析数据作图 5 -5，可以看出部分矽卡岩落在了大洋拉斑玄武岩范围，还有些部分落在了钙质泥岩范围中，说明矿集区应有玄武岩的存在以及大部分矽卡岩由钙质泥岩变质生成。

5.3　岩石微量元素特征

5.3.1　微量元素含量特征

老君山矿集区岩石微量元素含量见表 5 -7。测试对象包括花岗岩、矽卡岩、

白云质灰岩、云母片岩和片麻岩等。测试元素 17 个，测试方法：As、Sb、Bi、Hg 用原子荧光光谱；Cu、Pb、Mo、Sn、Ag、Mn、Zn、V、W、Co、Ti、Cr、Ni 用直读光谱。测试结果显示，花岗岩中 Cu、Sn、Zn、Ag、W 含量较高；云母片岩中 Cr、Ni、V、Ti 含量最高，Pb、W、Mn、Mo、Ag、Zn、Co 含量较高；矽卡岩中 Mn、Cu、Mo、Sn、Ag、Zn、Co、As、Sb、Hg 含量最高，其他元素也有较高含量；白云质灰岩中各种元素含量均大大低于其他岩石；片麻岩中 W、Mo、Hg 有较高含量，其他元素含量均较低；灰岩夹云母片岩中 Pb 含量最高，其他元素也有较高含量。由于花岗岩、矽卡岩和云母片岩均不同程度地受到成矿流体的改造或影响，上述数据实际反映的是这些岩石在经历水/岩反应后微量元素的富集情况。

表 5-7　老君山岩石微量元素含量($w_B/10^{-6}$)

岩性	样品数	Cu	Pb	W	Mn	Cr	Ni	Mo	Sn
花岗岩	14	341.67	42.04	7.64	1050.36	34.53	4.43	0.37	67.54
云母片岩	42	77.16	84.78	10.17	1114.79	113.45	34.18	0.93	35.39
矽卡岩	11	624.09	171.14	27.71	4539.18	75.92	29.38	1.94	168.27
白云质灰岩	37	16.31	15.10	1.63	756.11	13.26	5.74	0.19	7.66
片麻岩	8	101.913	42.113	8.813	316.750	60.088	9.213	1.290	27.900
灰岩夹云母片岩	7	114.24	312.87	4.60	1594.00	64.54	23.79	0.44	69.56
岩性	V	Ag	Ti	Zn	Co	As	Sb	Bi	Hg
花岗岩	17.57	0.92	882.50	233.29	3.56	161.75	1.28	2.26	0.02
云母片岩	100.99	0.56	4008.19	262.93	15.71	151.98	1.70	5.16	0.03
矽卡岩	62.77	2.90	3068.64	901.18	38.35	901.84	4.87	48.19	0.05
白云质灰岩	17.89	0.21	989.11	85.84	2.61	12.75	0.90	0.44	0.02
片麻岩	26.313	0.366	1611.125	54.750	7.238	67.699	0.516	74.551	0.038
灰岩夹云母片岩	55.40	1.04	2391.29	492.57	14.34	185.26	1.77	6.54	0.03

测试单位：桂林矿产研究所测试中心

5.3.2　岩石微量元素统计学特征

1. 统计学特征

1)正态性检验

传统方法计算地球化学微量元素分布特征是以元素含量在所研究的地质体中

呈正态或对数正态分布为基础的，一般认为常量元素服从正态分布、微量元素服从对数正态分布。在计算之前，先检验各个元素含量的概率分布是否服从正态分布，对于服从正态或对数正态分布的元素，直接根据统计方法对数据进行处理；否则，剔除一些特高值，使其服从正态或对数正态分布，再进行统计计算。化探中用以检验正态(或对数正态)分布形式常用的方法有偏度、峰度检验法和概率格纸检验法。本书利用 SPSS 统计软件，采用 $Q-Q$ 概率图对元素含量进行分布检验，原理是：用变量数据分布的分位数与所指定分布的分位数之间的关系曲线来进行检验，当符合指定分布时，图中各点(近似)成一条直线。本次选择 17 种微量元素进行正态分布检验和统计特征分析。首先利用 SPSS 软件中的“正态概率单位分布图(Normal $Q-Q$ Plots)”模块对已剔除异常点数据进行对数变换的正态检验[287-290]，如图 5-6。从图中可以发现只有很少一部分测定值偏离直线，除此之外，微量元素基本上成对数正态分布。剔除偏离的数据后，可以进一步采用因子分析等统计学方法分析。

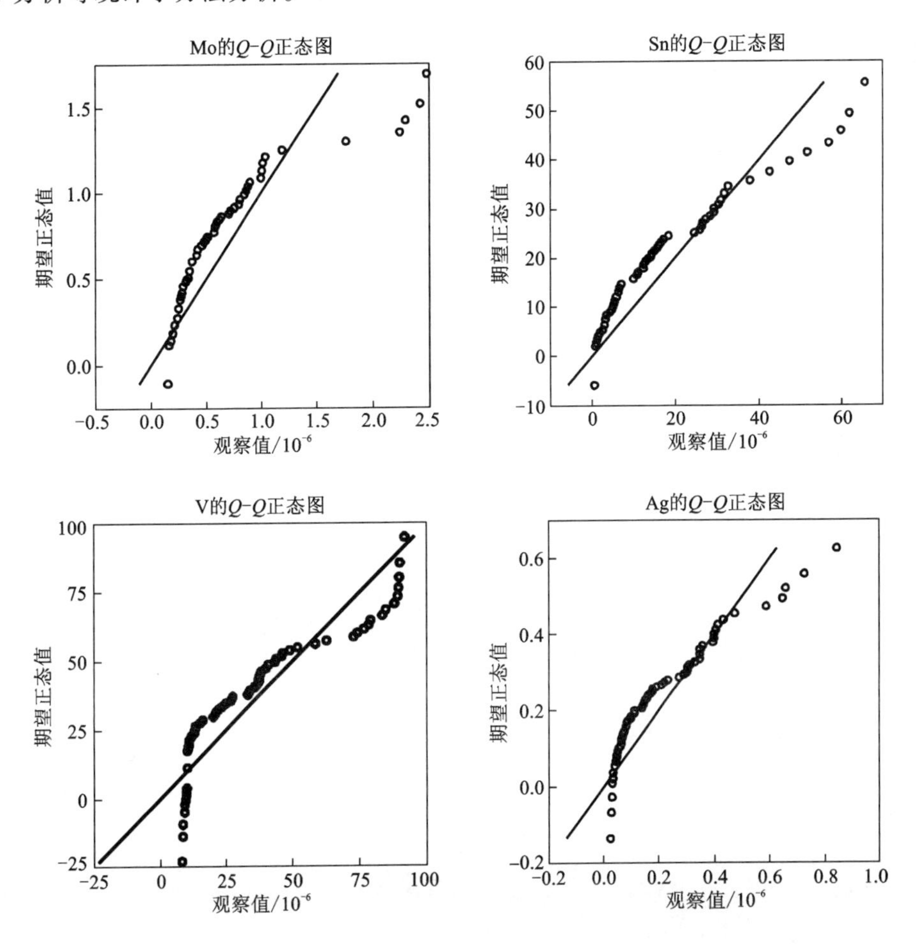

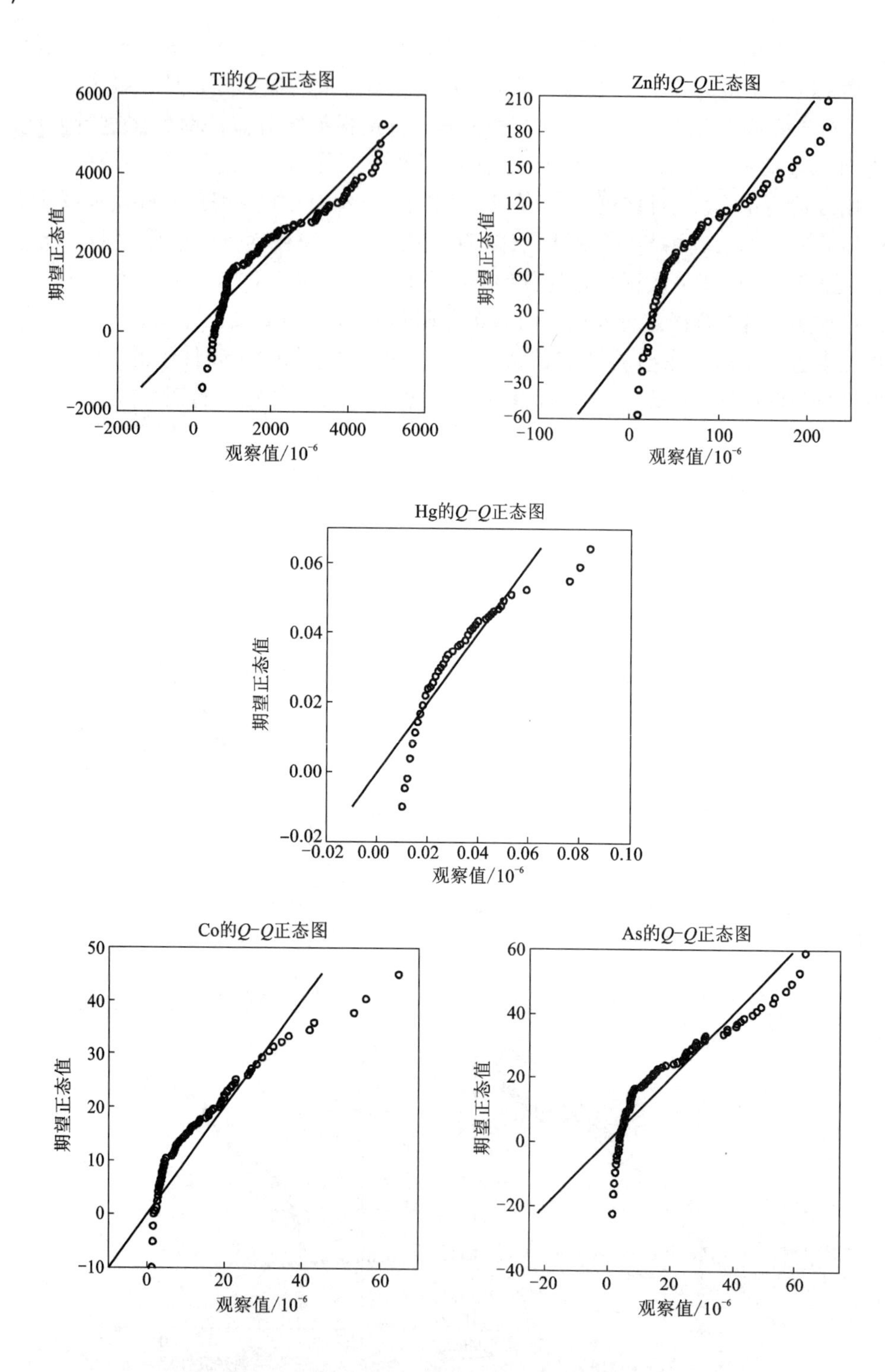
Ti的Q-Q正态图
期望正态值
观察值/10⁻⁶
Zn的Q-Q正态图
期望正态值
观察值/10⁻⁶
Hg的Q-Q正态图
期望正态值
观察值/10⁻⁶
Co的Q-Q正态图
期望正态值
观察值/10⁻⁶
As的Q-Q正态图
期望正态值
观察值/10⁻⁶

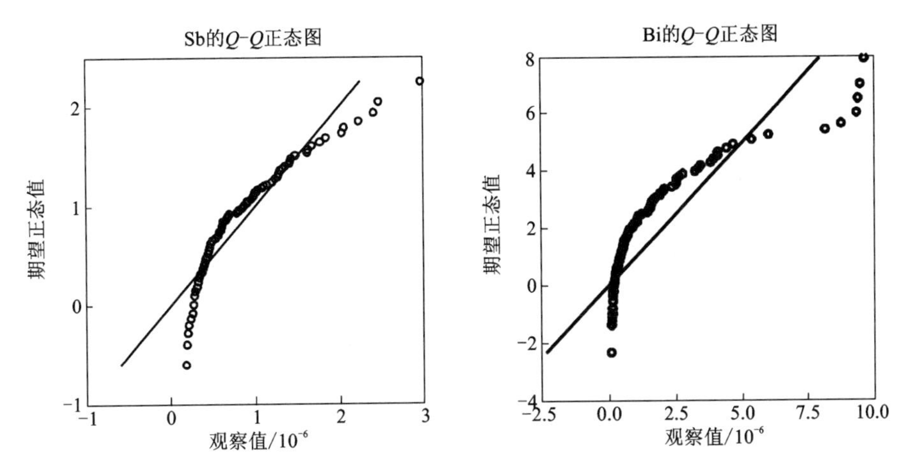

图5-6 微量元素正态分布检验Q-Q图

2)因子分析

因子分析是多元统计分析技术的一个分支，其主要目的是浓缩数据。通过研究众多变量之间的内部依赖关系，探求观测数据中的基本结构，并用少数几个假想变量来表示基本的数据结构。这些假想变量能够反映原来众多观测变量所代表的主要信息，并解释这些观测变量之间的相互依存关系。

因子分析在成因、来源问题研究上是一种非常有效的数学方法，可以用它解决很多地质问题，而且因子分析是一个客观计算同主观思维相结合的过程。其他多元统计分析(如判别分析，回归分析)的计算结果基本上是一个最终结果，可以直接予以应用，但因子分析的计算结果(因子解)只能看作是一个中间结果，剩下的部分要求人们用自己的思维来完成，这就涉及地质知识、经验，甚至于思维方式和哲学思想。

因子分析从变量的相关矩阵出发将一个 m 维的随机向量 X 分解成低于 m 个且有代表性的公因子和一个特殊的 m 维向量，使其公因子数取得最佳的个数，从而使对 m 维随机向量的研究转化成对较少个数的公因子的研究。并通过因子轴的旋转，可使新的因子更具有鲜明的实际意义。

设有 n 个样本，n 个指标构成样本空间 X：

$X=(x_{ij})n\times m$

$i=1,2,\cdots,n;j=1,2,\cdots,m$

因子分析过程一般经过以下步骤：

(1)原始数据的标准化，标准化的公式为 $X'_{ij}=(X_{ij}-X_j)/\delta_j$，其中 X_{ij} 为第 i 个样本的第 j 个指标值，而 X_j 和 δ_j 分别为 j 指标的均值和标准差。标准化的目的在于消除不同变量的量纲的影响，而且标准化转化不会改变变量的相关系数。

(2)计算标准化数据的相关系数矩阵，求出相关系数矩阵的特征值和特征向量。

(3)进行正交变换，使用方差最大法。其目的是使因子载荷两极分化，而且旋转后的因子仍然正交。

(4)确定因子个数，计算因子得分，进行统计分析。

因子分析在地学中的应用也相当的广泛，在岩石学、矿床学、沉积学和地球化学研究中都有应用，其目的是从一定数理的指标(变量)中找出数目较少、彼此独立的新的基本变量(因子)，从而分析地质对象的特征以及原来变量彼此的关系。根据所分析目的的需要，在这里我们对 17 个微量元素利用 SPSS 数学统计软件进行因子分析，其分析结果见表 5－8 至表 5－12。

从表 4－9 可见，Cu 与 Ag、Mn、Hg 相关性较好；Pb 与 W、Mo、Co、As、Sb、Hg 相关性较好；W 与 Pb、Mo、Co、As、Sb、Bi、Hg 相关性较好；Sn 与 Mn、Cr、Ni、V、Ag、Ti、Zn 相关性较好，其中与 Zn 的相关系数达到了 1；Ag 与 Cu、Mn、Cr、Ni、Sn、V、Zn 相关性较好；Zn 与 Mn、Cr、Ni、Sn、V、Ag、Ti 相关性也较好。从成因上来分析，相关性较好的元素可能在成因和来源上有一定的关联。

用 SPSS11.0 统计软件计算可得出 KMO 检验和 Bartlett 检验是两个常用的测度因子分析模型有效性的统计指标。KMO(Kaiser-Meyer-Olkin)测度样本的充足度，其统计值一般介于 0 和 1，若该统计指标在 0.5 和 1 之间则表明可以进行因子分析，若小于 0.5 则表明不适宜进行因子分析。表 5－9 表明经 Bartlett 检验：Bartlett 检验卡方统计值为 7179.330，$P<0.0001$，即相关矩阵不是单位矩阵，故考虑进行因子分析；Ksiser-Meyer-Olkin 法检测适合度是用于比较观测相关系数值与偏相关系数值的一个指标，其值愈逼近 1，表明对这些变量进行因子分析的效果愈好。现 KMO 值为 0.859，显示因子分析的结果可以被接受。通过以上两项统计指标的检验表明本研究适合进行因子分析。

因子分析的关键就是利用相关系数矩阵求出相应的因子的特征值和累计贡献率。表 5－10 在累积方差为 98.723%（>90%）的前提下，分析得到 4 个主因子，可以看到 4 个主因子提供了原资料的 98.723% 的信息，满足因子分析的原则，而且从表可以看出旋转前后总的累计贡献率没有发生变化，即总的信息量没有损失。从表中还可得出，旋转之后主因子 1 和主因子 2 的方差贡献率均为 45% 左右，主因子 3 到主因子 4 的方差贡献率的范围为 3.583% 到 3.783% 之间。这可以解释为因子 1 和因子 2 可能为老君山矿集区主要成矿元素组合，对矿田成矿贡献最大，因子 3、因子 4 对老君山矿集区也有重要作用。

表5-8 变量相关矩阵

	Cu	Pb	W	Mn	Cr	Ni	Mo	Sn	V	Ag	Ti	Zn	Co	As	Sb	Bi	Hg
Cu	1.00	0.79	0.76	0.90	0.82	0.83	0.65	0.74	0.85	0.88	0.85	0.74	0.82	0.82	0.82	0.61	0.91
Pb	0.79	1.00	0.96	0.62	0.69	0.68	0.86	0.49	0.74	0.60	0.76	0.49	0.88	0.99	0.94	0.83	0.91
W	0.76	0.96	1.00	0.61	0.72	0.69	0.95	0.50	0.75	0.60	0.78	0.49	0.94	0.94	0.99	0.95	0.91
Mn	0.90	0.62	0.61	1.00	0.92	0.94	0.53	0.95	0.92	0.98	0.91	0.94	0.76	0.64	0.68	0.48	0.85
Cr	0.82	0.69	0.72	0.92	1.00	0.99	0.66	0.92	0.99	0.87	0.99	0.91	0.87	0.69	0.77	0.62	0.91
Ni	0.83	0.68	0.69	0.94	0.99	1.00	0.63	0.95	0.99	0.89	0.99	0.95	0.85	0.68	0.74	0.58	0.90
Mo	0.65	0.86	0.95	0.53	0.66	0.63	1.00	0.43	0.69	0.52	0.72	0.43	0.94	0.83	0.96	0.98	0.84
Sn	0.74	0.49	0.50	0.95	0.92	0.95	0.43	1.00	0.91	0.90	0.89	1.00	0.69	0.50	0.56	0.38	0.76
V	0.85	0.74	0.75	0.92	0.99	0.99	0.69	0.91	1.00	0.88	1.00	0.90	0.89	0.74	0.80	0.65	0.94
Ag	0.88	0.60	0.60	0.98	0.87	0.89	0.52	0.90	0.88	1.00	0.87	0.89	0.73	0.63	0.66	0.47	0.82
Ti	0.85	0.76	0.78	0.91	0.99	0.99	0.72	0.89	1.00	0.87	1.00	0.89	0.91	0.75	0.82	0.68	0.95
Zn	0.74	0.49	0.49	0.94	0.91	0.95	0.43	1.00	0.90	0.89	0.89	1.00	0.68	0.50	0.55	0.38	0.75
Co	0.82	0.88	0.94	0.76	0.87	0.85	0.94	0.69	0.89	0.73	0.91	0.68	1.00	0.86	0.97	0.90	0.96
As	0.82	0.99	0.94	0.64	0.69	0.68	0.83	0.50	0.74	0.63	0.75	0.50	0.86	1.00	0.93	0.79	0.91
Sb	0.82	0.94	0.99	0.68	0.77	0.74	0.96	0.56	0.80	0.66	0.82	0.55	0.97	0.93	1.00	0.94	0.94
Bi	0.61	0.83	0.95	0.48	0.62	0.58	0.98	0.38	0.65	0.47	0.68	0.38	0.90	0.79	0.94	1.00	0.80
Hg	0.91	0.91	0.91	0.85	0.91	0.90	0.84	0.76	0.94	0.82	0.95	0.75	0.96	0.91	0.94	0.80	1.00

表 5-9 KMO 和球形 Bartlett's 检验

Kaiser-Meyer-Olkin 方法检测适合度		0.859
Bartlett's 法球型检验	λ^2 统计值	7179.330
	df	136
	显著性水平(p)	0.0000

表 5-10 总方差分解

因子	初始特征值			旋转前			旋转后		
	特征值	百分率/%	累积贡献率/%	特征值	百分率/%	累积贡献率/%	特征值	百分率/%	累积贡献率/%
1	13.702	80.597	80.597	13.702	80.597	80.597	8.084	47.553	47.553
2	2.378	13.988	94.585	2.378	13.988	94.585	7.447	43.804	91.357
3	0.479	2.819	97.403	0.479	2.819	97.403	0.643	3.783	95.139
4	0.224	1.319	98.723	0.224	1.319	98.723	0.609	3.583	98.723
5	0.109	0.642	99.365						
6	0.045	0.266	99.631						
7	0.031	0.184	99.815						
8	0.008	0.046	99.861						
9	0.006	0.037	99.898						
10	0.005	0.028	99.926						
11	0.003	0.018	99.944						
12	0.003	0.016	99.960						
13	0.002	0.014	99.974						
14	0.002	0.012	99.986						
15	0.001	0.008	99.994						
16	0.001	0.005	99.998						
17	0.000	0.002	100.000						

表 5 – 11　旋转前的因子(主成分)提取结果

指标		Cu	Pb	W	Mn	Cr	Ni	Mo	Sn	V
主因子	1	0.906	0.866	0.886	0.895	0.944	0.939	0.824	0.827	0.962
	2	-0.073	0.405	0.448	-0.403	-0.258	-0.31	0.504	-0.536	-0.215
	3	-0.346	-0.217	0	-0.119	0.138	0.103	0.201	0.086	0.088
	4	0.144	-0.168	-0.021	0.137	-0.094	-0.092	0.131	-0.025	-0.098

指标		Ag	Ti	Zn	Co	As	Sb	Bi	Hg	
主因子	1	0.867	0.971	0.822	0.96	0.865	0.921	0.787	0.989	
	2	-0.383	-0.171	-0.538	0.212	0.373	0.383	0.54	0.087	
	3	-0.167	0.108	0.093	0.143	-0.283	-0.003	0.245	-0.061	
	4	0.226	-0.091	-0.033	0.038	-0.153	0.05	0.144	-0.051	

提取方法：主成分分析。

表 5 – 12　旋转后的因子(主成分)得分矩阵

指标		Cu	Pb	W	Mn	Cr	Ni	Mo	Sn	V
主因子	1	-0.054	-0.099	-0.08	0.104	0.18	0.185	-0.074	0.226	0.155
	2	-0.047	0.046	0.173	-0.076	-0.015	-0.042	0.296	-0.102	-0.019
	3	0.027	0.869	0.092	-0.28	0.113	0.153	-0.679	-0.045	0.198
	4	0.965	-0.187	-0.063	0.613	-0.48	-0.421	0.099	-0.189	-0.417

指标		Ag	Ti	Zn	Co	As	Sb	Bi	Hg	
主因子	1	0.067	0.147	0.23	0.02	-0.11	-0.074	-0.077	0.02	
	2	-0.061	0.004	-0.102	0.169	0.019	0.175	0.324	0.04	
	3	-0.501	0.149	-0.03	-0.307	0.91	-0.136	-0.783	0.262	
	4	0.954	-0.427	-0.224	-0.091	-0.041	0.161	0.074	-0.055	

提取方法：主成分分析。旋转方法：最大方差法和归一法。

表 5-13 欧氏不相似平方矩阵表

指标	矩阵输出																
	Cu	Pb	W	Mn	Cr	Ni	Mo	Sn	V	Ag	Ti	Zn	Co	As	Sb	Bi	Hg
Cu	1																
Pb	0.269	1															
W	0.894	0.267	1														
Mn	0.808	0.444	0.827	1													
Cr	0.123	0.341	0.434	0.283	1												
Ni	0.252	0.569	0.529	0.553	0.890	1											
Mo	0.695	0.208	0.918	0.619	0.515	0.502	1										
Sn	0.949	0.531	0.901	0.900	0.270	0.466	0.716	1									
V	0.054	0.384	0.351	0.351	0.932	0.956	0.346	0.238	1								
Ag	0.934	0.502	0.913	0.941	0.268	0.491	0.728	0.993	0.261	1							
Ti	0.149	0.404	0.472	0.445	0.946	0.976	0.489	0.335	0.985	0.364	1						
Zn	0.832	0.686	0.840	0.890	0.351	0.621	0.662	0.956	0.389	0.959	0.470	1					
Co	0.720	0.501	0.877	0.938	0.559	0.755	0.775	0.856	0.575	0.895	0.680	0.881	1				
As	0.918	0.423	0.955	0.940	0.317	0.527	0.797	0.969	0.309	0.988	0.420	0.938	0.922	1			
Sb	0.842	0.462	0.889	0.983	0.366	0.624	0.692	0.930	0.425	0.963	0.517	0.936	0.955	0.973	1		
Bi	0.363	0.004	0.549	0.188	0.180	0.027	0.797	0.336	-0.103	0.331	0.053	0.222	0.343	0.389	0.215	1	
Hg	0.665	0.426	0.856	0.565	0.435	0.496	0.939	0.733	0.294	0.730	0.428	0.740	0.718	0.776	0.658	0.753	1

表5-14 聚类凝聚过程表

聚类步数	聚类分组		相关系数	聚类出现步数		下一步数
	聚类1	聚类2		聚类1	聚类2	
1	8	10	0.993	0	0	4
2	9	11	0.985	0	0	5
3	4	15	0.983	0	0	7
4	8	14	0.978	1	0	6
5	6	9	0.966	0	2	9
6	8	12	0.951	4	0	10
7	4	13	0.946	3	0	10
8	7	17	0.939	0	0	13
9	5	6	0.923	0	5	15
10	4	8	0.919	7	6	12
11	1	3	0.894	0	0	12
12	1	4	0.872	11	10	14
13	7	16	0.775	8	0	14
14	1	7	0.592	12	13	16
15	2	5	0.424	0	9	16
16	1	2	0.383	14	15	0

由表5-11和表5-12可见，旋转前后因子荷载的变量结果基本一致。变量与某一个因子的联系系数绝对值(荷载)越大，则该因子与变量关系越近。因子分析的主要目的是将具有相近的因子荷载的各个变量置于一个公因子之下，正交方差最大旋转使每一个主因子只与最少个数的变量有相关关系，而使足够多的因子负荷均很小，以便对因子的意义作出更合理的解释。二维主成分图(图5-7)及正交因子解可见：因子1为Sn和Zn的组合，因子2为W和Sb的组合，因子3为Pb、Mo、Co、As、Bi、Hg，因子4为Cu、Mn、Cr、Ni、V、Ag、Ti。结果表明Sn和Zn可能属同一个来源，而且这两组元素正是相关性(为1)最好的两组元素。

综上所述，可以从上述分析过程中看出矿集区元素Sn、Zn和W成矿性很好，找矿前景最好。由于采样工作的普遍性，这在一定程度上也反映出Sn、Zn和W在矿集区各地层的普遍性存在，从一个侧面证明了成矿元素的初始富集的可能性。因子2反映的W和Sb的组合，由于W是一直被认为是高温热液型矿物，而

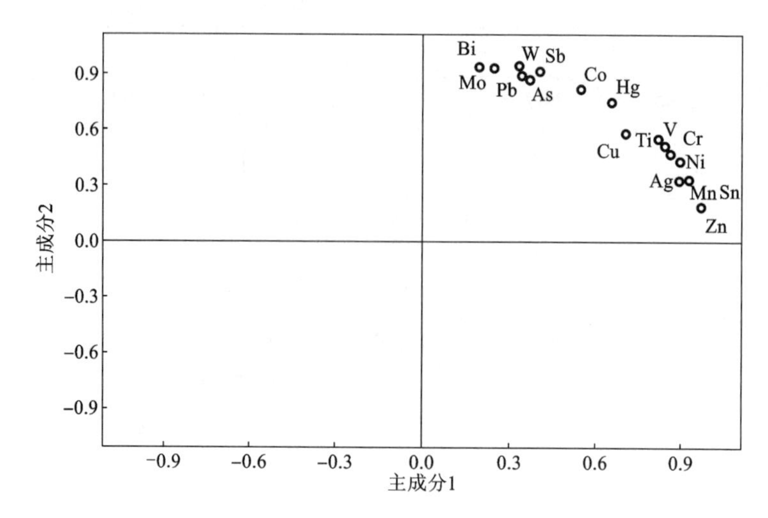

图 5-7 旋转后的二维主成分图

元素 Sb 被认为是低温热液型矿物，但因子分析显示两者关系紧密，可以推测具有同一来源。

3）聚类分析

在因子分析的基础上进行聚类分析。研究元素和样品的分类时，聚类分析提供了一些数量化的衡量元素或样品相似程度的指标，利用这些指标可将元素或样品按其相似程度的大小划分为不同的类，从而揭示元素或样品之间的本质联系，这有助于研究元素共生组合关系和对岩体异常等的分类评价[291-294]。

根据分类对象的不同分为样品聚类（Q 型聚类）和变量聚类（R 型聚类）两大类。在这里我们采用变量聚类分析法对花岗岩凹陷带内的 17 个微量元素进行聚类分析，首先将微量元素的原始数据标准化处理，然后利用 SPSS 软件中的分层聚类模块计算出欧氏不相似平方矩阵表（表 5-13）、聚类凝聚过程表（表 5-14）、聚类冰柱图（图 5-8）和聚类过程的树形图（图 5-9）。

表 5-13、表 5-14 显示，采用相关系数测量技术首先显示各个微量元素之间的相关系数，通过相关系数的研究找出各个元素之间的相似程度。然后在表 5-10中显示类间平均链锁法的合并进程。第一步，Sn 与 Ag 被合并，它们之间的相关系数最大，为 0.993；第二步，V 和 Ti 合并，其相关系数为 0.985；第三步，Mn 和 Sb 合并，它们之间的相关系数为 0.983；第四步，As 与第一步的合并项合并，形成（Sn + Ag）+ As 组合，其相关系数为 0.978；第五步，Ni 与第二步的合并项合并，形成（V + Ti）+ Ni 组合，相关系数为 0.966；第六步，Zn 与第四步的合并项合并，形成（Sn + Ag + As）+ Zn 组合，相关系数为 0.951；第七步，Co 和第三步

聚类组数	指标																															
	Ti		V		Ni		Cr		Pb		Bi		Hg		Mo		Zn		As		Ag		Sn		Co		Sb		Mn		W		Cu
1	X	X	X	X	X	X	X	X	X	X	X	X	X	X	X	X	X	X	X	X	X	X	X	X	X	X	X	X	X	X	X	X	X
2	X	X	X	X	X	X	X	X	X		X	X	X	X	X	X	X	X	X	X	X	X	X	X	X	X	X	X	X	X	X	X	X
3	X	X	X	X	X	X	X		X		X	X	X	X	X	X	X	X	X	X	X	X	X	X	X	X	X	X	X	X	X	X	X
4	X	X	X	X	X	X	X		X		X	X	X	X	X		X	X	X	X	X	X	X	X	X	X	X	X	X	X	X	X	X
5	X	X	X	X	X	X	X		X		X		X	X	X		X	X	X	X	X	X	X	X	X	X	X	X	X	X	X	X	X
6	X	X	X	X	X	X	X		X		X		X	X	X		X	X	X	X	X	X	X	X	X	X	X	X	X		X	X	X
7	X	X	X	X	X	X	X		X		X		X	X	X		X	X	X	X	X	X	X	X	X	X	X	X	X		X		X
8	X	X	X	X	X	X	X		X		X		X	X	X		X	X	X	X	X	X	X		X	X	X	X	X		X		X
9	X	X	X	X	X		X		X		X		X	X	X		X	X	X	X	X	X	X		X	X	X	X	X		X		X
10	X	X	X	X	X		X		X		X		X		X		X	X	X	X	X	X	X		X	X	X	X	X		X		X
11	X	X	X	X	X		X		X		X		X		X		X	X	X	X	X	X	X		X		X	X	X		X		X
12	X	X	X	X	X		X		X		X		X		X		X		X	X	X	X	X		X		X	X	X		X		X
13	X	X	X		X		X		X		X		X		X		X		X	X	X	X	X		X		X	X	X		X		X
14	X	X	X		X		X		X		X		X		X		X		X		X	X	X		X		X	X	X		X		X
15	X	X	X		X		X		X		X		X		X		X		X		X	X	X		X		X		X		X		X
16	X		X		X		X		X		X		X		X		X		X		X	X	X		X		X		X		X		X

图5－8　聚类冰柱图

的合并项合并，形成(Mn＋Sb)＋Co组合，相关系数为0.946；第八步，Mo和Hg合并，它们之间的相关系数为0.939；第九步，Cr和第五步形成的合并项合并，形成(V＋Ti＋Ni)＋Cr组合，其相关系数为0.923；第十步，第七步和第六步再合并，相关系数为0.919；第十一步，Cu和W合并，其相关系数为0.894；第十二步，第十一步和第十步再合并，相关系数为0.872；第十三步，Bi与第八步合并，形成(Mo＋Hg)＋Bi组合，相关系数为0.775；第十四步，第十二步与第十三步再合并，相关系数为0.592；第十五步，Pb与第九步再合并，相关系数为0.414；最后把第十四步与第十五步再合并。图5－8和图5－9所表示的与表4－14所反应的内涵相同，只是从不同的方面展示了聚类的结果。从树形图(图5－9)上很清晰地显示了各个元素之间的相似程度和在成矿作用中的相互关系：在$r>0.98$的聚类水平上，元素组合有3组：Sn、Ag→V、Ti→Mn、Sb；在$0.98>r>0.9$的水平上，元素组合有7组：Sn、Ag、As→V、Ti、Ni→Sn、Ag、As、Zn→Mn、Sb、Co→Mo、Hg→V、Ti、Ni、Cr→Sn、Ag、As、Zn、Mn、Sb、Co；在$r<0.9$的水平上的有Cu、W组合等，基本上显示了高、中、低温的组合类型；元素Pb明显与其他成矿元素组合分离，表现出很强的独立性特征。

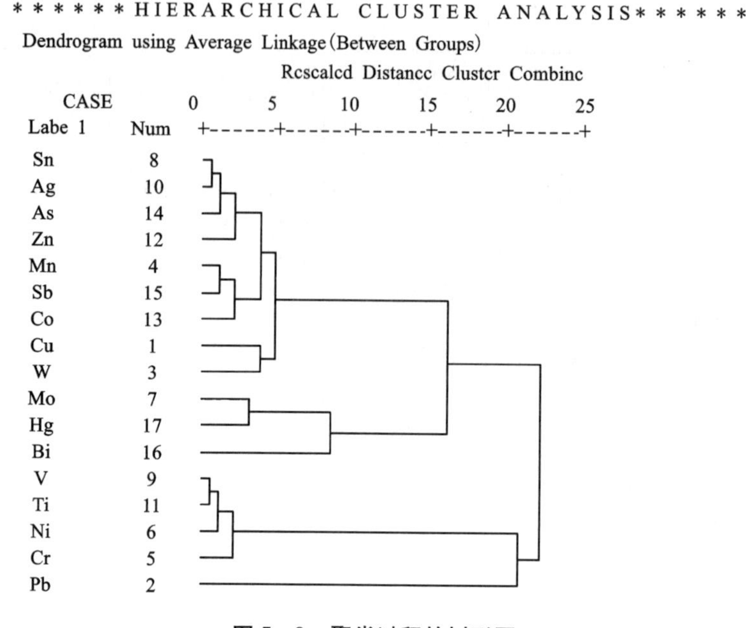

图 5 - 9　聚类过程的树形图

通过聚类分析结果，可以得出与成矿关系最密切的指示元素是 Sn，对应的高、中、低温指示元素的组合类型依次为 Sn、Ag→V、Ti→Mn、Sb 等。

2. 多重分形统计学特征

多重分形理论是目前研究十分活跃的一门新兴学科。如果说分形理论研究具有自相似性的不规则几何问题的话，那么多重分形将主要运用于定义几何体上(包括分形几何体)具有自相似或统计自相似性的某种度量或者场，比如岩石中微量元素的含量，某一区内测量的地球物理场，或者单位面积内的矿产地分布密度等。通过这种测量可将其所定义的几何体(或二维面积)分成一系列空间镶嵌的具不同特点的子几何体(或子面积)，每种这样的子几何体(或子面积)会构成一种分形，而且具有其自身的分形维数。这种分形的总体将对应一种所谓分形维数谱函数。自然界中许多物理及化学过程会产生多维分形结果，比如在地球化学中具有广泛应用前景的 Mulplicative Cascade 过程、Diffussion limited aggregatio (DLA)、Turbulence、Brownian 过程等。这些过程的共同特点是其所产生的结果既具有确定性又具有随机性。通过多维分形的研究使数学、物理和化学中许多具有随机和确定双重性质以及奇异性的疑难问题得到解答。这些成果必将对地质包括地球化学的各个领域产生重要影响[295-297]。

地球化学元素分布规律的研究是揭示元素矿化富集及空间变化规律的重要途

径之一。地球化学数据的统计特征常常用来描述和刻画地球化学元素的分布规律。统计方法之所以能用于研究地球化学元素的分布规律不仅是由于地球化学取样和对样品进行的各种化学分析结果常具有不确定性，而且元素在地壳中的分布本身就具有不均匀性和区域随机性。从具有随机性的地球化学数据中了解元素分布规律是地球化学研究者所面临的重要挑战。统计方法在这方面起着不可替代的作用。然而人们早已注意到普通的统计方法并不考虑样品的空间分布和统计特征随空间度量尺度的变化性。此外，由于一般的统计方法是建立在统计大数据基础之上的，因而这些统计方法(一、二阶矩有关的统计方法)往往对度量元素的一般值效果较好。严格地说它们并不具备刻画异常值的功能，分形理论则是研究这类复杂系统时空结构特征的有效途径，可以通过多重分形理论清楚地反映出统计方法的这些局限，而且能有效地克服统计方法的不足，它是一种研究具有自相似或统计自相似场的分布规律和描述场值的奇异性的有效方法，可以用于研究与矿化有关的微量元素在岩石、水系沉积物和土壤等介质中的空间分布和富集规律[298-302]。成秋明[303-306]等指出与矿化有关的微量元素地球化学场具有多重分形结构特征，微量元素的背景值往往服从正态或对数正态分布，然而高低异常值服从多重分形分布。本次研究应用多重分形的面积校正累计频率法[307-311]，对云南老君山矿集区的 17 个微量元素进行了研究，初步探讨了主成矿元素、伴生元素和非成矿元素的空间变化和矿化富集规律，为老君山地区进一步找矿预测提供依据。

1)计算方法

地球化学采样点往往不是网格化的，局部区域可能采样较密或较稀甚或缺失。若直接应用原始样品分析数据进行元素含量频率分布研究，则可能过分强调采样较密的局部区域而相对忽视采样较稀的局部区域，不能真实地反映区域内元素含量值的分布特征。浓度-面积法[299]计算大于含量值 c_i($i=1, 2, \cdots, n$; n 为含量值分组数 $c_{\min} \leqslant c_i \leqslant c_{\max}$)的面积 $S(C \geqslant c_i)$，然后在双对数坐标下考察 $c_i \sim S(C \geqslant c_i)$ 间是否存在幂率关系即对于 $S(C \geqslant c_i)$ 的分形，采用两种途径来确定：(1)在对原始数据加权移动平均(Weighted moving average method)插值后制作的地球化学等值线图上 $S(C \leqslant c_i)$ 为含量值 C 大于 c_i 的等值线圈闭的区域面积；(2)统计原始含量数值的盒子，即用边长确定的正方形网格覆盖研究区，$S(C \geqslant c_i)$ 等于具有含量值大于 c_i 的正方形网格数。如果在正方形中不止一个样品，则取平均值作为该网格的含量值。众所周知，等值线的计算意味着网格结点的估值运算，运用移动平均、距离系数加权移动平均、克里格法和泛克里格法等网格估值方法可能产生不同的效果；局部特高值点(outlier)可能使邻近网格点的估值普遍偏高，导致孤立高值点拉高一大片；内部的采样空白区也可能以很不准确的估计值来代替。由此看来，方法(1)存在着固有的不足。本书采用方法(2)，即面积校正累计频率法研究元素含量频率分布，其计算步骤如下：

以一网格覆盖采样区域，记采样空间坐标(x, y)的最小、最大值分别为x_{min}，x_{max}，y_{min}和y_{max}，则x和y方向的网格数n_x和n_y应满足：

$$(x_{max} - x_{min})/n_x = (y_{max} - y_{min})/n_y \quad (5-1)$$

$$d \cdot n_x \cdot n_y = n \quad (5-2)$$

上式表明，x，y方向应具有相同的网格间距，式(5－2)说明总网格数乘以平均网格密度d应为总样品数n。由式(5－1)、式(5－2)式可解出n_x和n_y，从而确定所需的覆盖网格。平均网格密度d值可取1～2，使得采样较密区域的网格内有2个或2个以上样品，采样较稀区域的网格内有1个样品，部分网格内没有样品，即为采样空白区。过大的d值会产生数据的“平滑”。本研究由于采样点为网格化的，采用d值为1.5。

计算各个网格元素含量平均值C，并对C值进行累计频率计算，即选定一组$c = \{c_i\}$ ($i = 1$, 2 计频率)为非空网格数$c_{min} \leqslant c_i \leqslant c_{max}$，统计所有网格平均值$C$大于$c$的网格数$N(C > c)$，最后在双对数坐标下绘制$c - N(C > c)$曲线。因$C$值反映了采样面积校正后的含量分布，称其为面积校正累计频率(Area-calibrated accumulative-frequency，ACAF)法，其结果与浓度－面积模型方法(1)只相差一个常系数，即单位网格的面积，不影响双对数坐标下曲线的形态。可见，ACAF既消除了由于样品点分布不均一的影响，又不会因孤立高值点导致其邻近等值线畸变和难以剔除采样空白区等，且算法简单。

c_i值按下式确定：

$$c_i = C_{min} \cdot \exp[(i-1)\delta],\ i = 1, 2, \cdots, n_s \quad (5-3)$$

$$\delta = (1/n_s)\ln(C_{max}/C_{min}) \quad (5-4)$$

式中：C_{min}为最小平均含量；C_{max}为最大平均含量；δ为校正系数。使得c_i在对数坐标下为等距，否则容易导致数据点在低含量区过稀而在高含量区过密，影响对其分布模式的总体认识。n_s为计算累计频率的分组数，因元素不同而取值不一。

2)讨论

(1)在$c - N$图5－10中，元素含量与个数的投影点呈现出连续的曲线分布趋势，而不是单一的直线分布所表示的简单分形，显示出一种连续分布趋势的多重分形特征。

(2)双对数坐标下各元素含量的曲线有两近似线性段。第一近似线性段大致反映了介于检出限到测定下限之间或测定下限附近的低值波动；另一近似线性段跨越了主要的含量区间，反映了地球化学场的内禀分形特征。参数b_1、b_2(表5－15)为这两个近似线性段经最小二乘拟合的直线斜率的负值，即累计频率分布的幂率。

(3)元素含量频率分布曲线上的两近似线性段之间为非连续过渡，并有截然的转折点，且第一直线段只反映了介于检出限到测定下限之间或测定下限附近的低值波动，与一些研究者[312, 313]根据两线性段的转折点作为异常下限区、污染区或者部分元素相对集中的地区中一些元素的地球化学背景和异常的结论一致。

(4)在部分图像中出现了星点状尾现象，均为高值点，这可以解释为局部成矿异常明显。

(5)图中分维值 b 定量地刻画了元素含量在空间分布上的丛集程度和不均匀程度。根据分维值 b_2 的大小，可以把元素分为三类(表 5 - 16)。Ⅰ类中 b_2 数值小于 2，包含了 As、Co、Bi 元素；Ⅱ类 b_2 值范围在 3 ~ 2 之间，包含 Sn、Ag、Zn、Pb、Cu、W 元素，是主要成矿元素；Ⅲ类 b_2 数值大于 3，包含了 Mn、Sb、Mo、Ti、V、Ni、Cr、Hg 元素。

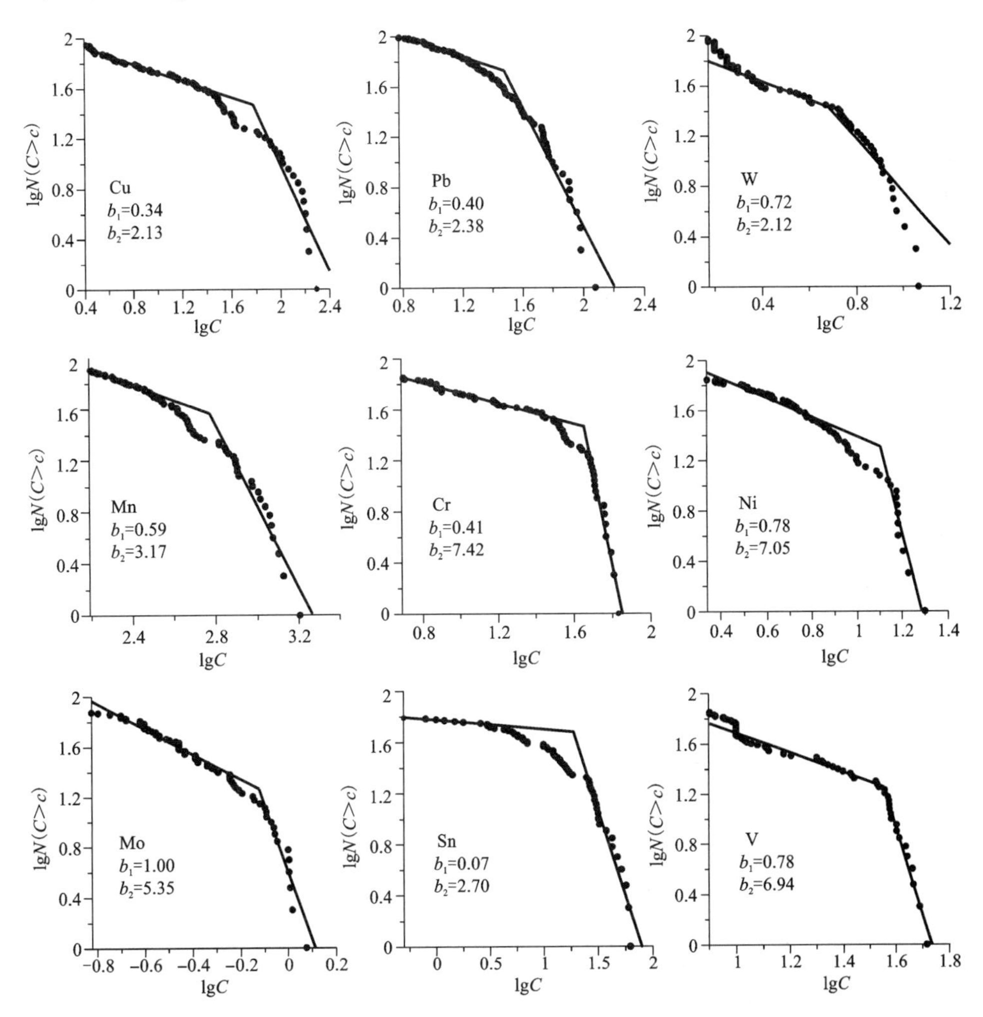

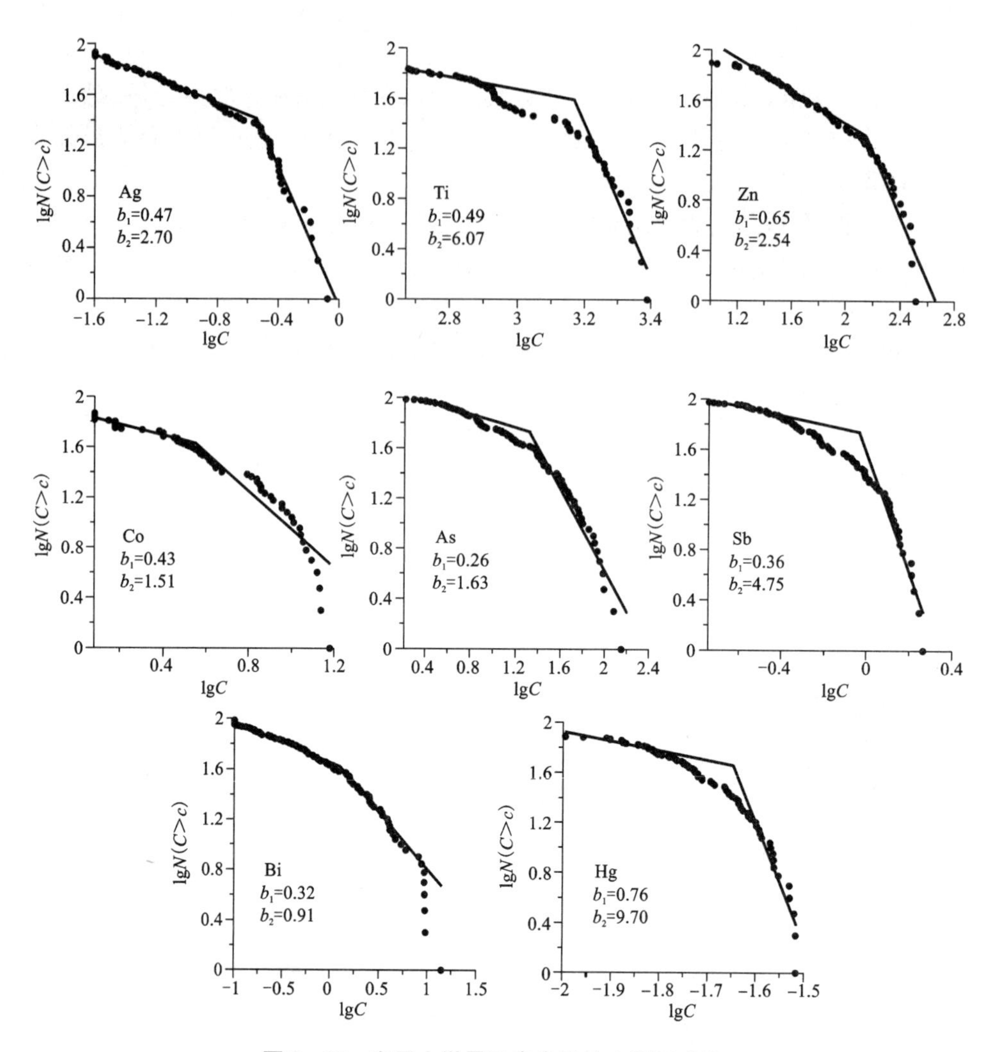

图 5－10　老君山微量元素含量的 ACAF 曲线

表 5－15　老君山微量元素多重分维值

分维值	Cu	Pb	W	Mn	Cr	Ni	Mo	Sn	V
b_1	0.34	0.40	0.72	0.59	0.41	0.78	1.00	0.07	0.78
b_2	2.38	2.38	2.12	3.17	7.42	7.05	5.35	2.70	6.94
分维值	Ag	Ti	Zn	Co	As	Sb	Bi	Hg	
b_1	0.47	0.49	0.65	0.43	0.26	0.36	0.32	0.76	
b_2	2.70	6.07	2.54	1.51	1.63	4.75	0.91	9.70	

表5-16　老君山矿区微量元素分维值取值范围及分类

分维值 b_2 取值范围	微量元素	类别
$b_2<2$	As、Co、Bi	Ⅰ
$2<b_2<3$	Sn、Ag、Zn、Pb、Cu、W	Ⅱ
$b_2>3$	Mn、Sb、Mo、Ti、V、Ni、Cr、Hg	Ⅲ

(6)有些学者利用分数的维数 b 表示元素的分布偏离正态分布的程度。多分维 b 数值反映了多次矿化事件的叠加，一个分数维 b 值代表了一次矿化(成矿阶段或成矿期)，本区亦可分为多期成矿阶段。从分形曲线的拐点和间断性也可以判断矿区存在多期次成矿活动，因此多分形研究对确定不同成矿期次及同一成矿期次的不同成矿阶段是有意义的，但对成矿期次的判别除据拐点的明显间断外，还应据矿床地质的研究。

与传统统计方法中聚类分析所得到类别相比较，可以发现多重分形分类得到结果与聚类分析所得到结果有较强的一致性，两者的分类几乎完全一致，这也说明分维值的计算结果是合理可信的。元素中 b 值的大小变化可以解释为：b 值越小，即直线越平缓，元素的低含量点到高含量点的变化频率下降得越慢，元素含量在空间上的丛集程度越高，就存在着较多的高含量点，有富集成矿的趋势；b 值越大，则高含量点分布较少，主要含量点集中在低含量区，也就不存在大规模富集成矿的可能。

5.4　成矿流体包裹体成分特征

本次研究中主要针对矿集区的含矿石英脉等开展了矿物流体包裹体成分测试，结果如表5-17、表5-18。

石英流体包裹体中 $w(H_2O)$ 为 $(995\sim4053)\times10^{-6}$，均值为2004.429($\times10^{-6}$)，变异系数 $V=0.53145$。各气相成分的含量($\times10^{-6}$)：$w(H_2)$ 为0.201~8.574，均值为2.982，$V=0.89461$；$w(CH_4)$ 为1.975~41.479，均值为9.727，$V=1.45238$；$w(CO_2)$ 为77.399~475.883，均值为245.9679，$V=0.628065$。

从测试结果我们可以看到，老君山矿集区矿石中石英流体包裹体液相成分中相对富含 K^+、Na^+、Ca^{2+}、SO_4^{2-}、Cl^-、NO_3^{2-} 离子。阳离子中一般 $w(Na^+)>w(K^+)>w(Ca^{2+})>w(Mg^{2+})$；阴离子中 $w(SO_4^{2-})>w(Cl^-)>w(NO_3^2)>w(F^-)$。气相成分中富含 CO_2 并含有一定量的 CH_4 和少量 H_2。

总体上看，成矿溶液可能是一种低盐度的 K^+、Na^+、Ca^{2+}、SO_4^{2-}、NO_3^{2-} 型水，并含有较高的 CO_2 和一定量的 CH_4 和少量 H_2，后三者可能与有机质热降解物参与成矿有关。

表 5-17 老君山矿区矿物流体包裹体液相成分测定结果

原样号	含量/(μg·g^{-1})										
	F	Cl	NO_3	PO_4	SO_4	Li	Na	NH_4	K	Mg	Ca
MLP0701	1.359	20.358	8.971	无	68.245	无	39.537	痕	31.103	1.352	18.059
MLP0729	0.035	3.574	<0.001	无	21.306	无	21.952	痕	23.333	0.145	11.254
MLP0740	0.253	8.345	3.258	无	30.395	无	28.459	痕	25.956	0.926	13.924
M1-11-3	0.654	10.245	3.545	无	49.659	无	30.257	痕	30.114	0.754	17.256
Ⅰ-1-2	0.732	11.958	3.978	无	52.736	无	33.456	痕	31.239	0.659	15.494
Ⅲ-47-2	<0.001	4.254	1.235	无	16.249	无	22.356	痕	20.569	0.048	12.592
Ⅲ-49-1	0.059	8.253	2.36	无	85.256	无	40.292	痕	36.394	0.925	20.149
Ⅰ-57	0.017	3.645	0.36	无	25.396	无	27.973	痕	32.597	0.045	14.596

测试单位：中南大学地学院地质所测试研究室。测试仪器类型：DX-120 Ion Chromatograph 美国离子色谱仪。2007

表 5-18 老君山矿区矿物流体包裹体气相成分测定结果

原样号	矿物名称	含量/(μg·g^{-1})								
		H_2	O_2	N_2	CH_4	CO	C_2H_2	CO_2	C_2H_6	H_2O
MLP0701	石英	8.574	无	痕	41.479	无	无	475.883	无	2478
MLP0729	萤石	1.197	无	痕	32.351	无	痕	144.663	无	261
MLP0740	石英	1.681	无	痕	7.694	无	无	246.392	无	1267
M1-11-3	石英	2.524	无	痕	2.707	无	痕	285.874	无	2255
Ⅰ-1-2	石英	2.358	无	痕	4.421	无	1.054	406.681	无	1835
Ⅲ-47-2	石英	0.201	无	痕	1.975	无	痕	77.399	3.754	995
Ⅲ-49-1	石英	3.582	无	痕	4.144	无	痕	108.885	痕	4053
Ⅰ-57	石英	1.956	无	痕	5.669	无	1.722	120.661	8.003	1148

测试单位：中南大学地学院地质所测试研究室。测试仪器类型：Varian-3400 型气相色谱仪

第 6 章　老君山矿集区矿床成因类型及典型矿床特征

6.1　矿集区海底喷流热水沉积特征

通过野外考察、室内资料、同位素分析以及显微镜观察，矿集区矿床喷流热水沉积特征明显：

(1)区内矿床的矿体往往呈层状、似层状或透镜体状产于地层中，且矿体一般随地层同步褶曲。部分矿床具典型的“双层”构造，上部为层状矿体，下部为细脉状、筒状含矿蚀变体。

(2)矿床伴有典型的喷流沉积岩，以此区别于其他类型矿床。这些岩石主要是硅质岩(图版Ⅰ-3、4、5、6)、条带状含电气石岩或电气石岩、条带状含长石岩或富长石岩、透辉岩与透闪岩(图版Ⅱ-7)、重晶石、石膏层以及白云石、铁白云石、菱铁矿等碳酸盐矿物。

(3)据前文分析可知：矿集区主要矿床具有层控及时控特征，在某一地区内矿体往往赋存于一定层位。

(4)老君山矿集区矿体和矿石具有微层理甚至微细沉积韵律，常具有顺层条带状、顺层揉皱，软沉积滑脱变形等构造以及显微球粒状，同心环带、生物和鲕状等结构，反映了同生沉积的特征。矿石中常广泛发育磁黄铁矿、胶状黄铁矿。

(5) 主要矿床产在沉积岩中，且矿床形成多与海相火山岩有关。从变质岩恢复及矿集区同位素研究显示：老君山矿集区部分矿床属喷流-沉积矿床。

(6)从前面同位素论述中表明矿床测定的$\delta^{34}S‰$值变化较大，既有深源硫，也有海水SO_4来源硫及生物来源硫的特征。

(7)矿集区矿石铅同位素组成投影在 Stacey 和 Kramers 平均增长曲线附近，且一般位于该曲线上方。结合矿石中变余胶状结构、纹层状-条带状构造等沉积成因的组构，暗示了热水沉积作用在成矿过程中具有重要意义。铅同位素构造环境判别及岩相古地理研究表明老君山矿集区亦处于深拗陷槽谷地带。

以上分析说明，老君山矿集区成矿特征与海底喷流热水沉积特点吻合，表明矿集区在加里东期处于海底喷流热水沉积阶段。

6.2 矿床成因类型划分及其特征

随着矿床勘探和研究程度的日益加深以及愈来愈多的地质现象显示：老君山矿集区是一个兼具内生与外生、同生与后生矿床特征的混生型或叠生型矿床组合。

都龙老君山矿集区构造、岩浆、变质及成矿作用强烈，成矿地质条件极佳，矿产丰富，矿床类型繁多，主要有 Sn、W、Pb、Zn、Ag、Cu、Sb 等矿产。据上文（第2、3 章）分析，矿床的产出主要受地层、构造和岩浆岩的复合控制。中寒武统田蓬组、龙哈组，下寒武统冲庄组是该区的主要赋矿层位，区域性北西向马关－都龙断裂及其次级断裂在加里东构造运动期演化为同生断裂，并以老君山为中心形成活动性较强的断陷拉谷，而燕山晚期酸性花岗岩均沿断裂及其次级断裂先后喷出、侵入。矿床（点）围绕老君山花岗岩体内外接触带分布，已探明曼家寨超大型矿床一处；铜街、新寨、南秧田大型矿床三处；辣子寨、南当厂、戈岭、老寨中型矿床四处以及一系列小型 Sn、W、Pb、Zn、Cu、Fe 多金属矿床（点）。

各矿（床）点主要分布于老君山穹隆区。矿集区内矿床类型以喷流沉积－变质改造－岩浆热液叠加富集型为主，为能较全面地认识都龙老君山矿集区矿床形成的时空演化规律和形成过程，以期对矿产勘查工作带来一定的指导意义。本书结合矿集区内矿床形成的时空分布特征、大地构造演化阶段、主导成矿作用、成矿物质来源以及成矿元素组合等方面，将老君山锡锌多金属矿集区划分为三大成矿类型，即：①喷流沉积－变质改造－岩浆热液叠加改造型；②高温岩浆热液型；③中低温热液型。矿集区大部分矿床（点）主要集中在老君山穹隆区，主要矿床（点）地质特征及所属成矿类型见表 6－1，表 6－2。

6.3 喷流沉积—变质改造—岩浆热液叠加富集矿床

6.3.1 概述

此类矿床主要分布在老君山岩体周边的寒武系变质岩中。老君山矿集区在加里东期处于强烈下降的深坳陷区，在寒武纪地层，可见有喷流沉积成矿的特征。变质岩原岩恢复研究表明，曼家寨、新寨等大型－超大型锡钨多金属硫化物矿床的容矿岩石的原岩部分是碳酸盐岩，还有部分属钙泥质岩，经区域变质形成具有一定层位、面形分布的类矽卡岩。

表6-1 老君山矿集区主要矿床地质特征简表

矿床名称	赋矿层位	围岩性质	控矿构造	与花岗岩关系	围岩蚀变	矿体形态	成矿元素	矿物组合	矿床规模	工作程度	探明储量	品位/%
曼家寨	$Є_2t_2$	矽卡岩、大理岩、片岩	单斜及纵断层	深部隐伏岩体上部	矽卡岩化、绿泥石化、萤石化	似层状、透镜状	Sn、Zn、Cu、Fe	锡石、铁闪锌矿、磁黄铁矿、黄铜矿	特大型	勘探	Sn：36.4万t Zn：240.8万t	0.56 5.12
铜街	$Є_2t_2$	矽卡岩、大理岩、片岩	单斜及纵断层	深部隐伏岩体上部	矽卡岩化、绿泥石化、萤石化	似层状、透镜状	Sn、Zn、Fe	锡石、铁闪锌矿、磁黄铁矿、磁铁矿	大型	勘探	Sn：4.4万t Zn：37万t	0.50 4.22
辣子寨	$Є_2t_2$	矽卡岩、大理岩、片岩	单斜及纵断层	花岗岩南侧	矽卡岩化、绿泥石化、萤石化	似层状、透镜状	Sn、Zn	锡石、铁闪锌矿、磁黄铁矿	中型	普查	Sn：3.3万t Zn：26.6万t	0.46 3.75
新寨	$Є_2t_2$	矽卡岩、片岩、大理岩	背斜及断层	花岗岩北侧	矽卡岩化	透镜状	Sn	锡石、铁闪锌矿、毒砂、磁黄铁矿	大型	详查	Sn：5.3万t	0.5
南秧田	$Є_2t_2$	片岩、片麻岩、变粒岩	单斜	花岗岩东侧	矽卡岩化、硅化、金云母化	层状	W	白钨矿、磁黄铁矿、黄铜矿、黄铁矿	大型	详查	WO_3：3.2万t	0.48
南当厂	$Є_2t_2$	大理岩	单斜及纵断层	花岗岩南侧	方解石化、硅化	似层状、透镜状	Ag、Pb、Zn	方铅矿、闪锌矿、黄铁矿	中型	详查	Ag：263.36t Pb：20939t Zn：5289t	214.86 g/t 1.13 2.87

续表 6-1

矿床名称	赋矿层位	围岩性质	控矿构造	与花岗岩关系	围岩蚀变	矿体形态	成矿元素	矿物组合	矿床规模	工作程度	探明储量	品位/%
坝脚	$€_2x_2$	大理岩	单斜及纵断层	花岗岩西侧	硅化	扁豆体	Pb、Ag	方铅矿	小型	勘探	Pb：3 万 t	4.40
戈岭	$\gamma_{53}a$	花岗岩	近东西向裂隙	花岗岩体内	长英岩化、云英岩化	脉状	Sn、W	锡石、黑钨矿	中型	普查	Sn：6541 t WO_3：3579 t	1.26 0.68
砂坝	$\gamma_{53}a$	花岗岩	近东西向裂隙	花岗岩体内	云英岩化、白云母化、硅化、电气石化	脉状	Sn、W	锡石、黑钨矿	小型	普查	Sn：2160 t WO_3：3579 t	0.56 0.45
老寨	$€_2t_1$	片岩	近东西向裂隙	花岗岩西侧	云英岩化、硅化、萤石化、矽卡岩化	脉状	Sn、W	锡石、黑钨矿	中型	普查	Sn：5010 t WO_3：669 t	1.17 0.16
花石头	$\gamma_{53}b$	花岗岩	南北向构造带	花岗接触带	绿泥石化、硅化	透镜体	Sn、W	锡石、黑钨	小型	普查	Sn：562 t WO_3：4510 t	0.52 0.42
大竹山	$€_2t_1$	片岩、片麻岩、变粒岩	单斜及断层	花岗岩西侧	绿泥石化、硅化	透镜化	Sn、W	锡石、磁黄铁矿、黄铁矿	小型	普查	Sn：534 t WO_3：317 t	0.33 0.70

据云南 317 队资料综合。

表6-2　老君山地区矿床类型划分简表

矿床类型		成矿元素	矿石矿物组合	典型矿床
喷流沉积-变质改造-岩浆热液叠加富集型	层状锡石-硫化物矿床	Sn、Zn、Fe、Cu	锡石、闪锌矿、磁黄铁矿、黄铜矿	曼家寨、铜街、辣子寨
	层状锡多金属矿床	Sn、Cu 、Zn	锡石、黄铜矿、铁闪锌矿、毒砂、磁黄铁矿	新寨
	层状钨多金属矿床	W、Sn	白钨矿、锡石	南秧田
高温岩浆热液型	长英岩脉型锡钨矿床	Sn、W、Be	锡石、黑钨矿、绿柱石	炭窑、瓦渣、老寨
	长英岩型锡钨矿床	Sn、W	锡石、黑钨矿	花石头
	石英脉型锡钨矿床	Sn、W	锡石、黑钨矿	戈岭、砂坝
中低温热液型	似层状铅锌矿床	Pb、Zn、Ag	方铅矿、闪锌矿、银矿物	坝脚、南当厂

主要锡锌工业矿体赋存于中寒武统田蓬组ϵ_2t和冲庄组ϵ_1ch复合岩性带内，矿体与矽卡岩密切相关，矽卡岩大致沿层分布，或与围岩具有一定的交角；大理岩与片岩交替频繁的地段，是矽卡岩最发育的空间。矽卡岩与大理岩具有明显的依存关系，围绕含矿层的大理岩上下盘，广泛分布矽卡岩。在厚大矽卡岩中，往往残留有未交代完全的大理岩(见图6-1)。

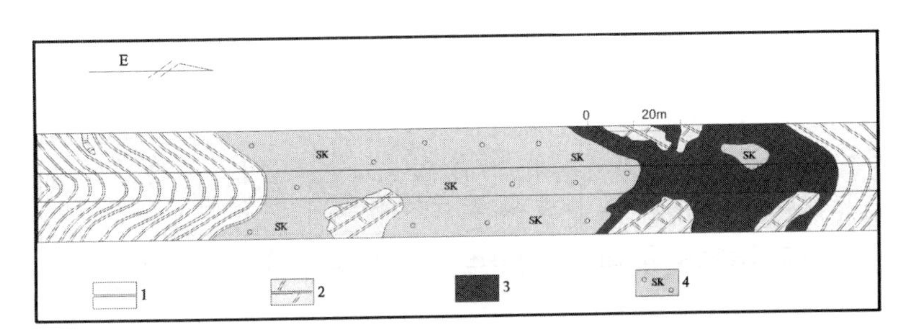

图6-1　曼家寨矿田残留大理岩素描图

1—石英云母片岩；2—白云质大理岩；3—硫化矿；4—矿化矽卡岩

这类矿床常见有典型的喷流沉积成矿的特征，如：矿体受地层控制作用明显，呈多层状、似层状、透镜状与围岩整合接触，未见穿层矿脉，且矿体与围岩界线清晰并具同步褶曲，顶底板均无明显的热液蚀变现象；矿石中常见硫化物呈蜂窝状、纹层状、条带状、软沉积滑脱变形构造，黄铁矿常呈胶状结构、鲕粒结构、草莓状结构；碳酸盐岩中含多层膏盐层，断裂带中常见同生复式角砾等(图版Ⅰ-2)。

上述矿集区内发育的这些沉积、构造特征等均显示矿床具有喷流沉积成矿的典型特征。

该系列矿床距花岗岩体较远，受后期花岗岩浆热液叠加改造较弱。但在花岗岩体侵位较高地段，靠近花岗岩体部位的层间矿体仍明显受岩浆热液的改造叠加，而难以识别其庐山真面目，以前曾被认为是典型的花岗岩热液型矿床[18]。然而随着越来越多的沉积组构的发现(包括硅质岩、透辉岩和透闪岩等)，以及矿床稳定同位素、稀土元素、微量元素等地球化学特征的分析表明，该类矿床应为典型的海底(火山)喷流-沉积作用形成，只不过不同地段不同程度地遭受了后期花岗岩浆热液成矿作用的叠加改造。

6.3.2 曼家寨、铜街层状锡石硫化物型矿床

1)矿田地质及矿体产出特征

该类矿床主要赋存于中寒武统田蓬组复合岩性带内，其围岩由大理岩、石英云母片岩、矽卡岩、变粒岩、硅质岩(图版Ⅰ-3、4、5；图版Ⅳ-2)及少量片麻岩组成。矿体与矽卡岩密切相关，含矿矽卡岩主要赋存于$€_2t^{2-2}$、$€_2t^{2-1}$、$€_2t^3$含矿层中。

锡锌矿体绝大多数为盲矿体，以10°~15°的倾伏角自北向南隐伏于含矿层深部，矿体大致沿层产出，部分矿体与含矿层具有一定交角。在平面图上呈南北向展布，在剖面上呈多层出现。

矿体产状随含矿层同步褶曲(图版Ⅰ-7)，沿走向和倾斜具波状起伏变化，矿段东部的矿体产状平缓，部分矿体倾角趋近水平，西部矿体倾角稍陡，一般倾角10°~40°，F_1断层下盘的矿体，局部倾角可达60°。

矿体外形不太规则，具分枝、膨胀、收缩等变化。大矿体一般为似层状，小矿体呈透镜状、扁豆体、囊状、条带状(图版Ⅰ-8)、丘状(图版Ⅰ-7)，沿层间断层F_1分布的陡倾斜矿体，局部为脉状。

厚大矿体中往往夹有大理岩、片岩残留体，其形态很不规则，多呈扁豆状或似层状存在(图6-2)。

2)主要矿物组成

组成矿石的矿物有30余种。主要金属矿物有铁闪锌矿、磁黄铁矿、磁铁矿、锡石、黄铜矿、黄铁矿；其次为毒砂、铜兰、辉铜矿、黝锡矿、菱铁矿等。脉石矿物有钙铁辉石、透辉石(图版Ⅲ-5)、绿泥石、阳起石、石榴石、绿钠闪石、透闪石、绿帘石、斜黝帘石、白云母、金云母、石英、萤石、白云石、方解石。各种矿物相对含量见表6-3。

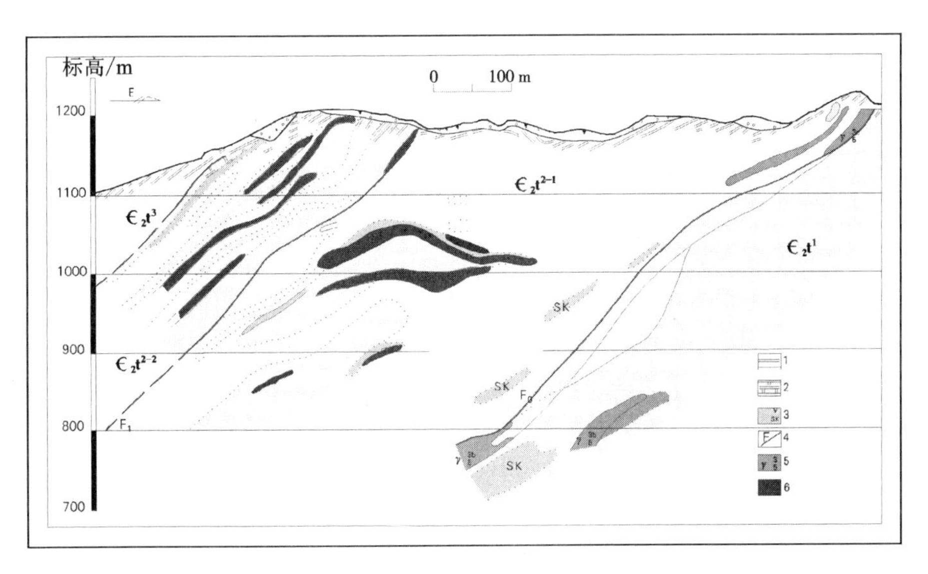

图 6-2　铜街-曼家寨矿段矿体形态产状图

1—二云石英片岩；2—大理岩；3—矽卡岩；4—断层；5—花岗岩；6—矿体

表 6-3　曼家寨矿田矿物相对含量表

矿物	相对含量/%	矿物	相对含量/%	矿物	相对含量/%	矿物	相对含量/%
锡石	0.30~1	铁闪锌矿	8.62~13.99	磁黄铁矿	13.66~23.0	磁铁矿	8.50
黄铜矿	0.42~0.72	黄铁矿	0~30.66	褐铁矿	0.44~9	毒砂	0.2~0.89
菱锌矿	0~0.73	辉石-透辉石	0~27.08	绿泥石	1.15~14.37	云母类	1.7~11
闪石类	16.42~34.42	石英	4~5.1	萤石	0~3.60	白云石、方解石	0.05~5.82
高岭石	1.17~1.86	堇青石	0~0.12	电气石	0~0.04	其他矿物	1.10~1.19

3)矿石结构、构造

锡锌矿石组构多样，反映了矿石形成的地质环境及长期复杂的演化过程。

主要矿石结构有自形晶-半自形晶结构(图版Ⅲ-7)；他形晶结构(图版Ⅲ-6)；环带状结构；放射状(花朵状)结构(图版Ⅲ-4)；变胶状-胶状结构；变斑晶结构；交代细脉或补块结构；乳浊状结构(图版Ⅳ-1)；细粒状结构(图版Ⅲ-5)。

主要矿石构造有致密块状构造；稠密浸染状构造；乳滴状构造(图版Ⅳ-5)；散点、斑点、斑块状构造；条带状、层纹状构造；角砾状构造；环带状构造(图版Ⅳ-6)。

4)围岩蚀变

最主要的围岩蚀变有：矽卡岩化、云英岩化、绿泥石化(图版Ⅲ-8)、白云母(绢云母)化、硅化、萤石化、方解石化。

6.3.3 辣子寨层状锡石硫化物型矿床

1)矿田地质及矿体产出特征

辣子寨矿田位于老君山岩体及复式背斜西翼，北面与曼家寨矿段接壤。南面与南当厂银铅锌矿床毗邻，大致呈南北向分布。矿区内地层走向南北，向西倾斜，倾角20°~50°，由于多期次东西向挤压应力作用结果，导致地层向深部延伸出现倒转、平卧，呈“S”形扭曲构造格局。矿区内分布地层为中寒武统区域变质岩，变质程度中等。含矿层为田蓬组第二岩性段$Є_2t^2$及第三岩性段$Є_2t^3$，含矿岩石为层状矽卡岩。区内有隐伏于地表以下的燕山期花岗岩体，地表有花岗斑岩脉零星出露。

从曼家寨延至矿区的F_1断裂，纵贯矿区中部，既是导矿构造，又是储矿空间，构造带形成的剥离空间赋存有工业矿体。

矿体顺层产出，与地层产状基本一致，水平面上呈南北向展布，在横剖面上构成“S”形、月牙形弯曲，赋存于不同褶皱部位的矿体具有不同倾斜方向和倾角大小的变化，倾角从几度至直立，从总体看矿体外形呈透镜状、扁豆状、条带状、不规则状、饼状、月牙状。

2)主要矿物组成

主要金属矿物有铁闪锌矿、磁黄铁矿、磁铁矿、锡石、黄铜矿，其次有毒砂、铜蓝、黝铜矿、黝锡矿等。脉石矿物有钙铁辉石、透辉石、绿泥石、绿帘石、阳起石、斜黝帘石、白云母、石英、萤石、方解石。

3)主要矿石结构、构造

矿石结构包括自形晶-半自形晶结构、他形结构、环带状结构等。矿石构造包括致密块状构造、散点、斑点，斑块状构造、条带状、层纹状构造、角砾状构造。

4)围岩蚀变

主要围岩蚀变有：矽卡岩化、绿泥石化、硅化、萤石化、碳酸盐化。

6.3.4 新寨层状锡多金属矿床

1)矿田地质及矿体产出特征

新寨矿田位于老君山岩体外围北部及铜厂坡断裂南段，矿体产于中寒武统田蓬组，赋矿围岩为二云母石英片岩、黑云石英片岩夹大理岩组合。矿体顺层成层状产出，与地层同步褶皱(见图6-3)。据317队钻孔资料和地表露头观察，它是由多层层状矿体构成的厚大矿体，走向随岩层产状变化，自北而南，由近南北向转为 NE 40°，倾向 NW，倾角 17°～20°，为缓倾斜矿体。

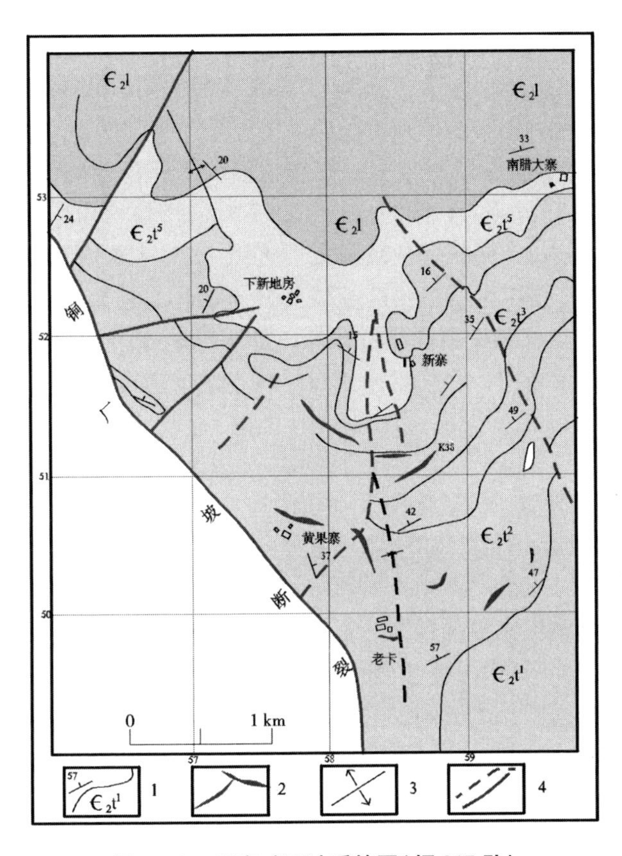

图 6－3　新寨矿区地质简图(据 317 队)

1—地层符号、界线及产状；2—矿体；3—褶皱构造；4—实测及推测断裂

2）主要矿物组成

主要金属矿物有锡石、铁闪锌矿、磁黄铁矿、毒砂、黄铜矿、黄铁矿，少量白铁矿、辉铜矿、方铅矿和斑铜矿等。脉石矿物有石英、长石、云母、萤石、石榴石、透辉石(图版Ⅲ－1、2)、阳起石、透闪石、绿帘石、电气石、十字石、碳酸盐矿物等。

3）主要矿石类型

(1)锡石石英脉型：锡石呈浸染状、团块状、不规则粒状嵌布于层间石英脉体中. 石英脉主要赋存于二云母石英片岩和石英片岩中。石英脉与围岩界线清晰。锡石粒度较大，粒径达 0.2～0.5 cm。脉体主要顺层分布，断续延伸，很少穿层。

(2)锡石云英岩型：锡石分布于云英岩脉中，云英岩由鳞片状白云母和石英组成，含少量电气石、萤石和硫化物。脉体多沿层呈扁豆体断续分布，偶见穿层脉。脉宽数厘米至数十厘米，长达数米。锡石晶粒从 0.3 ~0.6 cm。偶见锡石晶簇。云英岩脉主要产于石英云母片岩中。

(3)锡石片岩型：此种类型矿石，国内罕见。主要特征是锡石晶粒直接嵌布于二云母石英片岩、云母石英片岩和电气石石英片岩中，沿片理和微层理定向排列。317 队资料表明，锡石晶体在生长时，接近晶体周围的微层理被迫弯曲变形，显然是由于晶体再结晶作用所致。锡石晶粒较大，一般为 0.5 cm，大者达 1 cm 以上。常与石英脉和云英岩脉同时出现。

(4)锡石硫化物型：锡石呈微粒嵌布于硫化物中，与磁黄铁矿、铁闪锌矿、毒砂、黄铜矿、黄铁矿等共生，主要产于层间矽卡岩中，它的上下盘岩石为石英片岩和云母石英片岩，此类矿石锡品位较低，如 V 号矿体。

(5)锡石石英萤石型：常呈细脉和网脉状，分布于石英片岩或云母石英片岩中，锡石晶粒较细，品位不高，为次要矿石类型。

4)围岩蚀变

矿床围岩蚀变发育，与矿化关系密切的有绿泥石化、绿帘石化、硅化、碳酸盐化、类石墨化，均可作为找矿标志。其他蚀变还有绢云母化、钠黝帘石化、次闪石化等。

绿泥石化：是本区常见的蚀变，表现为绿泥石沿辉石等进行交代(图版Ⅱ-7、8 图版Ⅲ-1、2)，其中深色蚀变与矿化关系极为密切。

绿帘石化：本区常见的一种蚀变，表现为辉石等被绿帘石交代，颜色加深，有时呈脉状产出。

硅化：多呈脉状产出，由石英组成，有时为玉髓，有时与绿帘石化伴生。

碳酸盐化：呈脉状和不规则状产出，表现为方解石交代辉石，并析出部分游离的氧化铁等，多与绿泥石化伴生。

类石墨化：多呈脉状产出，沿节理及构造面发育。

6.3.5 南秧田层状钨多金属矿床

1)矿田地质及矿体产出特征

南秧田矿田位于老君山岩体及复式背斜东翼，南北长 4 km，东西宽 2 km，出露地层为下寒武统冲庄组区域变质岩$Є_1ch$，由于断层 F_1、F_2 形成沟谷。含矿层为下寒武统冲庄组第二岩性段中部$Є_1ch^{2-2}$，由二云斜长片麻岩、二云石英片岩、透辉石矽卡岩、阳起石矽卡岩、石榴石矽卡岩及电气石石英岩等复合岩性组成含矿层。

矿体赋存于含矿层内Ⅰ、Ⅱ层稳定层状矽卡岩地质体内，白钨矿呈斑点状分布于矽卡岩中。

矿田构造形态为缓倾单斜构造，地层走向北北东－北东，倾向南东，倾角5°～25°，一般10°左右。断裂构造不发育，有 F_1、F_2、F_3、F_4 均属成矿后断层，有的为花岗斑岩脉充填。

矿体形态简单，与围岩呈整合接触，围岩为透闪石、透辉石、绿帘石、斜黝帘石矽卡岩，矿体形态为似层状，走向 NE－NNE，向 SE 倾斜(图6－4)。

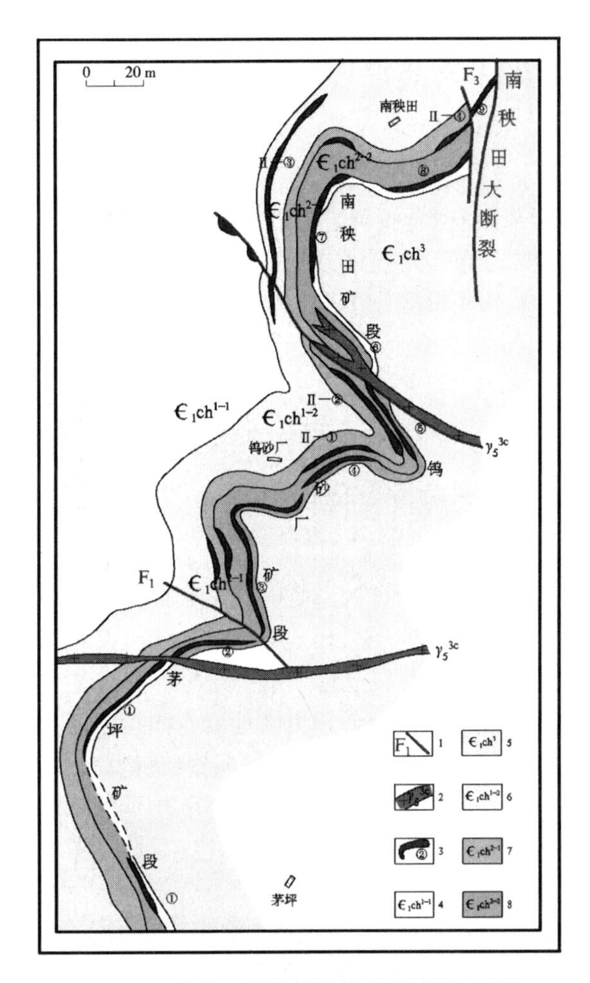

图6－4　南秧田钨锡矿地质略图(据317队)

1—断层；2—花岗斑岩脉；3—矿体及编号；4、5、6、7、8—冲庄组各亚段地层

2)主要矿物组成

组成矿石的金属矿物有：白钨矿、磁黄铁矿、黄铁矿、毒砂、黄铜矿、褐铁矿、锡石。脉石矿物有石英、长石、云母、透辉石、透闪石、阳起石、绿帘石、绿泥石、萤石、方解石等。

3)主要矿石结构、构造

矿石具有花岗变晶结构、纤状、粒状、鳞片状变晶结构，交代残余结构。矿物构造为条带状、层纹状、块状构造。

4)围岩蚀变

矿区围岩蚀变类型有透辉石化、黝帘石化、透闪石化、阳起石化、绿帘石化、绿泥石化、硅化。

6.4 燕山晚期花岗岩高温岩浆热液型矿床

6.4.1 概述

燕山晚期高温岩浆热液型(长英岩－石英脉－伟晶岩型)矿床大多分布于老君山花岗岩体内，少数分布于外接触带片岩、片麻岩中，矿体多赋存在近东西向低序次断裂裂隙中，呈脉状成群分布，矿体规模为小－中型。围岩蚀变有云英岩化、硅化、白云母化、电气石化。矿床按矿物组合可分为含铍碱性正长岩和含铍伟晶岩型矿床、石英脉型黑钨矿矿床、云英岩脉型锡钨矿床，典型矿床有炭窑、瓦渣、董菲、金竹林、老寨、花石头、戈岭、砂坝等。

6.4.2 老寨硫化物长英岩脉型锡钨矿床

1)矿田地质及矿体产出特征

老寨矿田位于老君山花岗岩体西南侧内、外接触带区域变质岩及花岗岩体边缘地带，出露地层为上寒武统歇场组$Є_3x$及中寒武统田蓬组第一岩性段$Є_2t^1$，马关－都龙断裂横穿矿区南端，断裂上盘为歇场组$Є_3x$白云质大理岩，下盘为田蓬组$Є_2t^{1-4}$、$Є_2t^{1-3}$中浅变质碎屑岩。矿田出露地层走向近东西向，向南倾斜，倾角15°~32°。地层揉皱剧烈，小挠曲发育。北东向锡钨脉状矿体分布于马关－都龙断裂下盘田蓬组第一岩性段，二云石英片岩、片麻岩、矽卡岩扁豆体及花岗岩体边缘(见图6－5)。

2)主要矿物组成

组成矿脉的金属矿物有：锡石、黄铜矿、黑钨矿、黄铁矿、毒砂。脉石矿物以石英、长石、绿帘石、绿泥石为主，见少许萤石、白云母、黝帘石、透辉石，石榴石等非金属矿物。

3)主要矿石结构、构造

矿石结构主要有齿状缝合镶嵌粒状结构；半自形、他形粒状结构、粒状变晶结构。矿石构造主要表现为细脉穿插和交代构造(图版Ⅳ－7)。

4)围岩蚀变

矿区围岩蚀变主要有萤石化、云英岩化，矿脉局部地段有矽卡岩化。

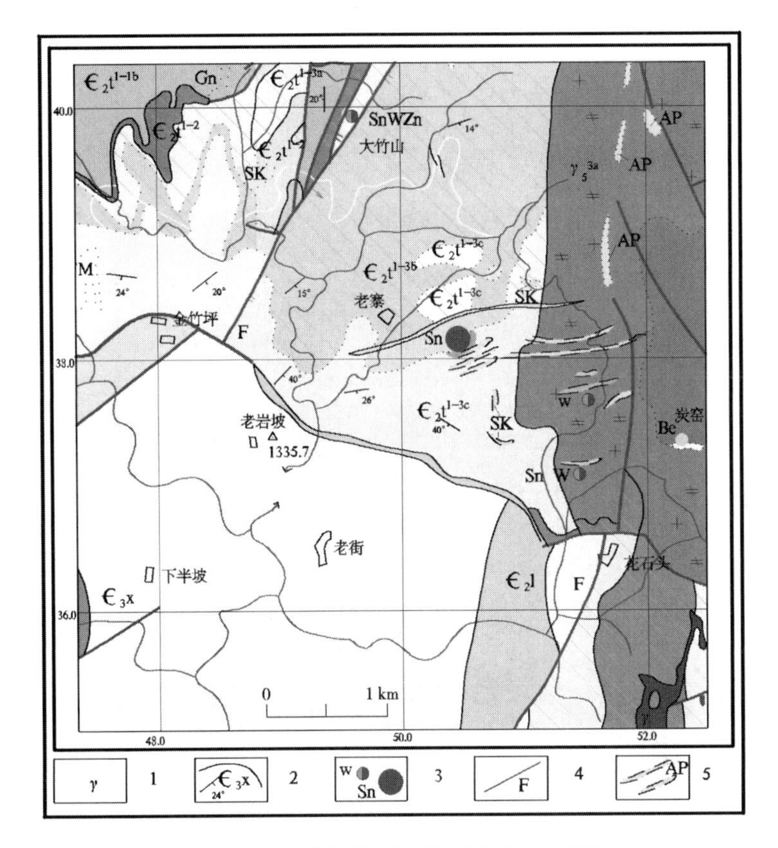

图6-5　老寨锡钨矿地质略图(据317队)

1—花岗岩及花岗斑岩；2—地层名称和界线以及产状；3—矿床及矿点；4—断层；5—长英岩脉

6.4.3　花石头长英岩型锡钨矿床

1)矿田地质及矿体产出特征

花石头矿田位于老君山花岗岩体西南侧正接触带，中寒武统区域变质岩围绕岩体外缘分布。矿体呈面型顺山坡覆盖于花岗岩体之上，矿体上盘为浅红色碎裂长英岩，因受强烈剥蚀，矿体断续暴露地表，长英岩现存0~2 m厚，致密坚硬，与矿体呈波状或参差接触，矿体下盘为灰白色白云母花岗岩。

矿体形态简单，为规则的扁豆体。矿体中部厚，向两侧变薄并逐渐尖灭。矿体走向N50°-60°W，SW倾斜，倾角28°-43°(见图6-6)。

2)主要矿物组成

组成矿石的金属矿物有锡石、黑钨矿、黄铁矿、毒砂及微量黄铜矿。脉石矿物主要有长石、石英，占总量52%~84%，其次为白云母、黝帘石、绿泥石、绿帘石、榍石。

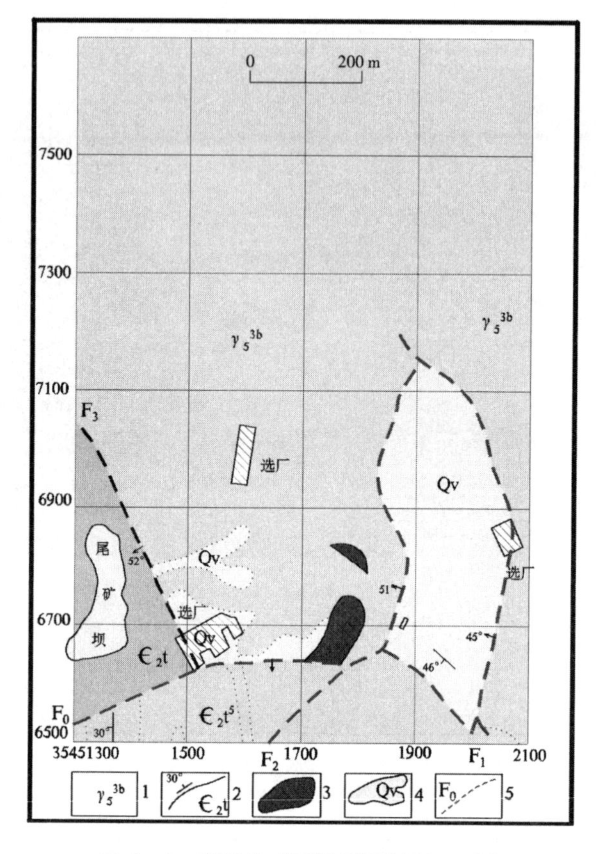

图 6-6　花石头矿区地质图(据 317 队)

1—细-粗粒二云母花岗岩；2—地层符号、界线及产状；3—矿体；4—长英岩；5—推测断裂

3)主要矿石结构、构造

矿石具碎裂结构、镶嵌结构、缝合粒状结构等，主要为块状构造和脉状构造。

4)围岩蚀变

矿区蚀变主要表现为云英岩化。

6.4.4　砂坝石英脉型锡钨矿床

1)矿田地质及矿体产出特征

砂坝矿田位于都龙老君山花岗岩体隆起的中部，主要发育一系列北东东向的压扭性剪切裂隙，并控制矿脉的分布，矿脉成群出现，沿 NE65°至 EW 走向组成含矿裂隙群，大体上以四个裂隙群密集出现，从东往西分别是重坑裂隙群、白马山裂隙群、偏岩裂隙群和小路脚裂隙群，含矿围岩属燕山期第一亚区浅灰色似斑状中-粗粒二云母花岗岩 γ_5^{3a}(见图 6-7)。

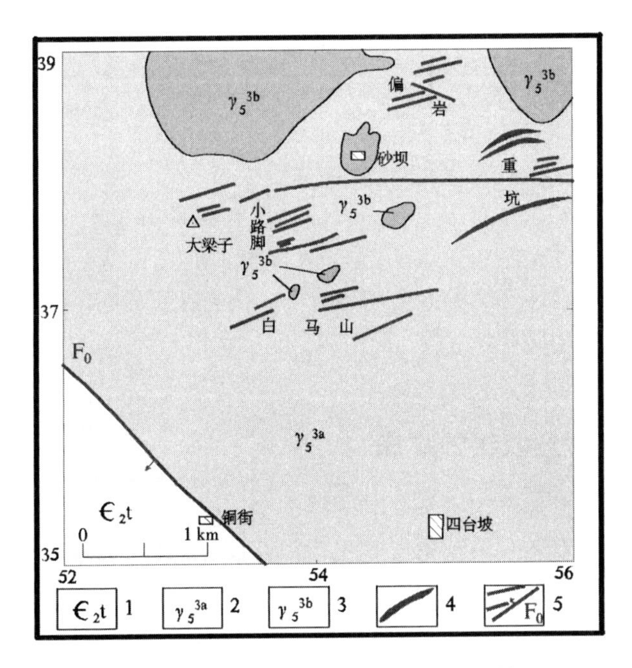

图6-7 砂坝矿区地质简图(据317队)

1—中寒武统田蓬组;2—含斑中粗粒、不等粒花岗岩;
3—中粗粒、等粒花岗岩;4—矿脉;5—断裂及小型断裂

锡钨矿体呈脉状、成群产出。矿脉产状:走向NE70°~90°,倾向NW,倾角45°~80°。锡钨矿远景可达中型规模。

2)主要矿物组成

矿区内矿石按矿物组合特征,可分为锡钨石英脉型和钨锡云英岩化石英脉型。金属矿物为锡石、黑钨矿、少量黄铁矿、毒砂、锆石、黄铜矿、斑铜矿等,锡石呈短锥状,他形粒状嵌布在石英脉中或与钨矿伴生。脉石矿物有石英、白云母及少量斜长石。

3)主要矿石结构、构造

锡石呈短锥状、他形粒状,黑钨矿呈板柱状嵌布于石英脉中,粒状结构,块状构造。钨锡常伴生产出。

4)围岩蚀变

主要有云英岩化,其次有白云岩化、硅化和电气石化。云英岩化十分普遍,并与矿化关系密切,一般发育在石英脉两侧围岩中或沿裂隙两侧围岩及破碎带分布。

6.5 燕山晚期中低温热液型矿床

6.5.1 概述

中低温热液型矿床分布于老君山岩体外围寒武系田蓬组、龙哈组、歇场组地层中，含矿围岩为白云岩、白云质灰岩、大理岩。矿体呈似层状、透镜状、脉状产于层间裂隙中。围岩蚀变类型有方解石化、硅化、白云石化，矿床规模小 - 中型。按矿物组合不同分为脉状铅、锌、铜矿床，似层状银、铅、锌矿床。典型矿床有铅厂、南当厂、三保等。

6.5.2 南当厂似层状铅锌矿床

1)矿田地质及矿体产出特征

南当厂矿田位于老君山花岗岩复式背斜西翼，北面与辣子寨矿段接壤，南延至中越国境线附近，为单斜构造，出露地层为中寒武统田蓬组第一至第四岩性段中浅变质地层，地层走向南北、向西倾斜，倾角 45° - 65°。矿床赋存于区域变质岩绿片岩相带下部$Є_2t^{2-2}$层上部碳酸盐岩石中，为沿层产出的碳酸盐型铅锌矿床。矿区构造类型由宽缓型褶皱及纵向断裂组成，轴向南北的挠曲构造发育，断裂为从辣子寨南延的 F_1，矿体产于$Є_2t^{2-2}$白云石大理岩中。

铅锌矿体与含矿地层产状基本一致，呈似层状、透镜状，偶见囊状、团包状。

2)主要矿物组成

组成矿石的主要金属矿物包括闪锌矿、方铅矿、黄铁矿、毒砂、褐铁矿、异极矿、辉银矿、深红银矿、自然银等。脉石矿物主要有方解石、白云石、石英、粘土矿物。

3)主要矿石结构、构造

矿石结构有他形、半自形不等粒结构、碎裂结构、包裹结构。矿石构造有致密块状构造、细脉网状构造、斑杂状构造、角砾状构造。

4)围岩蚀变

南当厂围岩蚀变比较简单，只在矿体上、下盘有硅化、方解石化。

6.5.3 坝脚似层状铅锌矿床

1)矿田地质及矿体产出特征

坝脚位于文华 - 腻科断裂南侧，北东向复式褶皱断裂带，与都龙老君山旋卷构造相邻。矿床产于短轴背斜南端，碳酸盐岩夹白云石化硅质扁豆体中，受地层及构造控制明显。矿体形态单一，呈扁豆状成群分布，少见分枝复合现象，总体产状与围岩$Є_3x^1$一致，含矿层位属上寒武统歇场组，底部为$Є_3x^1$灰色薄至中厚层状白云质灰岩夹条带状硅质岩，顶部为薄层状白云岩或钙质板岩，中部夹条带状硅质岩(图版Ⅰ-6)，其中方铅矿石及少量闪锌矿沿层分布，底部具硅质白云岩，石英细脉呈不规则分布，矿床属小型规模(见图6-8)。

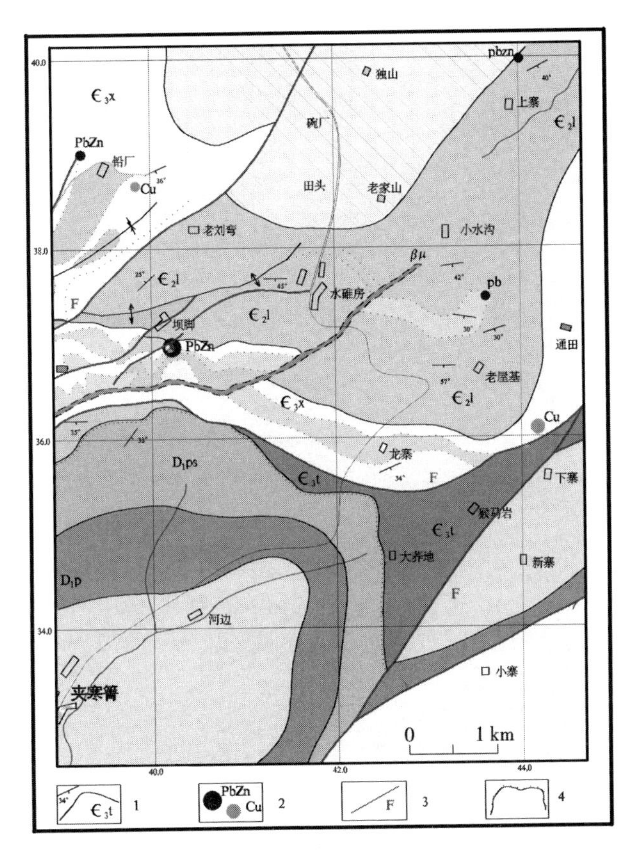

图6-8　坝脚矿区地质简图(据317队)

1—地层符号、界线及产状；2—矿点；3—断层；4—地层不整合线

铅矿体赋存于一定空间层位内，与岩性关系密切，而铅锌元素与SiO_2具有极亲和作用，即与石英有密切共生关系。工业矿体多形成于富硅质的岩层之中，呈扁豆状、似层状，产状与围岩一致。

2)主要矿物组成

金属矿物有：方铅矿、闪锌矿、黄铜矿、辉银矿、白铅矿、铅矾、孔雀石；脉石矿物有：玉髓、石英、白云石、方解石。

3)主要矿石结构、构造

金属矿物辉银矿、白铅矿、铅矾、孔雀石多呈他形至半自形粒状结构，其中辉银矿呈乳滴状分布于方铅矿中。石英、玉髓呈隐晶质或细粒结构，白云石、方解石呈他形粒状结构。矿石构造主要是交代构造(图版Ⅳ-8)。

4)围岩蚀变

坝脚矿区围岩蚀变现象比较单一，主要为硅化、方解石化。

第 7 章　老君山矿集区矿床多因复成成矿模式

7.1　大地构造演化与主要热事件

多因复成矿床是陈国达 1975 年开始提出初步概念，随后逐步系统化并进一步阐明的一类矿床，多因复成矿床具有“五多”的特点，即多大地构造成矿阶段、多成矿物质来源、多成矿作用、多控制因素和多成因类型。多成矿大地构造阶段在老君山矿集区形成过程中表现得特别明显。加里东期本区为前缘海盆，沉积了寒武系及中下奥陶统滨海 - 浅海相碎屑岩、碳酸盐岩建造，中奥陶世末，宜昌运动使区内隆起(越北隆起)，缺失上奥陶统和志留系地层。华力西期本区转为弧后盆地，早泥盆世地层不整合于寒武、奥陶系之上；晚泥盆世末该区地壳隆起、裂陷并伴有岩浆活动，在马关桥头、八寨一带可见辉长 - 辉绿岩侵入寒武系地层，文山 - 马关断裂也在该时期形成；印支运动、燕山运动产生激烈的张性断裂，陆壳被拉张变薄，地幔上突，深部基性岩浆随之上涌，伴有基性火山活动，为地下热液涌出和海水下渗循环形成良好的通道，并使本区发生强烈褶皱和断裂活动，形成一系列北西向、北东向、南北向或近东西向的褶皱断裂，区域变质作用进一步加强，发生混合岩化及花岗岩化，燕山期交代花岗岩浆及重熔岩浆侵位，形成老君山花岗岩穹隆。此时期在文麻断裂北东的八布地区有基性岩及镁质、超镁质岩浆侵位，多期岩浆热事件，使稳定的地台向地洼发展，岩浆热液沿断裂和岩性脆弱地带的活动，使锡多金属矿质活化转移和富集成矿，并最终导致初始矿床被改造、叠加和富集，形成了现在的老君山矿集区。喜马拉雅期主要为断块活动，形成山间盆地，具河流、内陆湖泊碎屑岩、泥灰岩沉积。

上述演化特点表明：本区构造活动有继承演化特点，从而导致成矿作用也具有多期、多阶段的特征。

7.2　矿床成矿物质来源

7.2.1　地层、火山岩及岩浆岩来源

从矿集区微量元素、稳定同位素、稀土元素分析及不同类型矿床成矿金属元

素组合特征上看，老君山矿集区成矿物质来源具有多源性特点。

1)地层来源

矿集区含矿层($€_2t$)以沉积厚度大、岩类组合复杂、岩相变化频繁、具有较高的矿化丰度为特征。区内中寒武统田蓬组、龙哈组、下寒武统冲庄组等地层中锡、钨、铜、铅、锌、银等成矿元素丰度值较高，为喷流沉积、构造活动、变质作用和岩浆热液活动全过程的综合结果，是矿集区成矿物质的重要来源之一。

(1)含矿层($€_2t$)沉积环境为陆源碎屑沉积与碳酸盐交替环境。加里东运动在本区表现为以垂向振荡为主的特征，升降频繁，沉积环境不甚稳定，岩类组合复杂，岩相纵横变化较大，呈犬牙交替变换，碎屑岩、碳酸盐岩、钙泥质岩相互穿插。

(2)含矿层原岩岩相变化较大，矿集区西部碳酸盐岩沉积较深，东部主要为浅碎屑岩类，中部为碳酸盐岩与泥质碎屑岩交互沉积。上述特征，反映出沉积环境与沉积相的差异，从老君山矿集区$€_2t$层沉积相带特征表说明(表7－1)：不同岩相控制了矽卡岩的发育程度和矿体规模，东部(陆源碎屑带)岩性单一，不利于厚大矽卡岩形成，在构造和岩脉发育的地段，仅形成规模很小的锡石硫化物石英脉型矿体或矽卡岩型矿囊。西部岩石组合较东部复杂，为碳酸盐岩夹碎屑岩，因此，似层状矽卡岩比较发育，形成小－大型规模矿体。中部(陆源－碳酸盐过渡带)岩性十分复杂，钙泥质、硅质交替出现，不同规模、形态多异的大理岩透镜体频频产出，围绕大理岩体形成厚大的矽卡岩及特大型锡锌工业矿体。

表7－1　老君山矿集区$€_2t^2$沉积相特征表

标志和特征＼位置	东　部	中　部	西　部
沉积环境	氧化	过渡	还原
建造位置	陆源主体	陆源碎屑－内源碳酸盐	碳酸盐主体
形成条件	相对隆起，快速沉降	沉降缓慢，不稳定沉降	洼陷缓慢沉降
建造剖面特点	沉积旋回结构不明显，沉积物为泥质碎屑岩相。	沉积旋回结构较明显，复杂多变。建造体态呈不规则透镜状。为碳酸盐钙泥质、硅质沉积。	韵律旋回、旋律结构明显，具序次性变化，建造呈现不规则长条状。主要为碳酸盐沉积夹泥质、钙质沉积。
矿化特征及矿体规模	富锡小矿体	富锡富锌特大型矿体	富锌贫锡小至大型矿体

(3)成矿元素沿一定层位矿化，成矿元素的分配具有垂直和水平分带特征，$Є_2t^4$ 层为铅锌银矿化，$Є_2t^3$ 为铅锌锡矿化，$Є_2t^2$ 层为锡锌工业矿体富集带。金属水平分带以矿区中部为中心，向东西两侧呈现规律性变化，中部富锡、富锌，西部富锌贫锡，东部富锡、贫锌。矿集区各层位锡、锌、铅、铜平均含量见表7-2。

表7-2 老君山矿集区地层成矿元素含量表

地 层	样数/个	含量/10^{-6}			
		Sn	Zn	Pb	Cu
$Є_2t^5$	20	4	398	41	37
$Є_2t^4$	61	5	1509	37	27
$Є_2t^3$	166	44	1331	171	199
$Є_2t^{2-2}$	54	579	3364	16	431
$Є_2t^{2-1}$	108	379	2309	118	432
$Є_2t^1$	26	132	725	23	139

注：据云南317队2007。

2)花岗岩岩浆热液来源

据云南317队提供资料显示，矿集区元素的分布具以下特征：①中高温热液型元素W、Sn、Bi、Cu、As等在老君山穹隆构造部位的花岗岩体及接触带的变质岩系(都龙)集聚形成高含量区，在有利的构造部位形成异常或富集成矿。②中低温热液型的Pb、Zn、Ag、(Cu)、Au、Sb、Hg等在晚古生代地层及浅变质岩(小坝子-小锡板和桥头)的矿化和蚀变集中区形成高含量区(异常)和相应的矿产；③Cu、Ni、Co、Cr在玄武岩地区(麻栗坡县东北部八布)形成高含量区并富集成矿等。

结合前面同位素地球化学和包裹体特征研究成果，本区成矿金属主要来自基底古老岩石，并受到其他源区物质的混合、叠加。成矿流体主要为经过演化的海水。硫主要来源于基底古老岩石和深循环海水。成矿流体中锡主要呈氟、氯络合物形式迁移，锌主要呈氯络合物形式迁移。据花岗岩的空间关系、微量元素、硫铅同位素以及矿化的类型，显示出成矿元素在不同期次花岗岩浆中地球化学行为的差异，也反映了岩体为成矿物质来源之一。

7.2.2 锡在地壳中的初始富集——深源矿源层问题

20世纪80年代，我国的一些学者曾先后论证了华南地区锡矿源层的存在，并提出前寒武系的基底地层、寒武系和泥盆系含Sn丰度比较高，可视为矿源层

（徐克勤、朱金初[314]；郑功博、彭大良等[315]；程光耀、黄有德[316]；冼柏琪[317]；毛景文等[318]；陈骏[319]）。

从滇东南地区各时代地层－沉积岩系、火山岩系和变质岩系的元素丰度资料，也可以看出滇东南区域深部矿源层存在的可能性，即 Sn 在地壳深部存在初始富集。

老君山矿集区即赋存于寒武系地层中，其中寒武系中统田蓬组平均含锡为 11.3×10^{-6}，据西南有色地质研究所(1983)研究显示，寒武系田蓬组中含矿性最好的角岩层内发育有变余晶屑和变余球粒脱玻结构，以及残留的拉长状、卵状、气孔状火山岩构造，从而推断其富锡原岩与加里东期基性火山活动有关。

前寒武纪哀牢山群、瑶山群中 Sn、Pb 的丰度值平均高于克拉克值 2～3 倍；中元古代昆阳群中 W、Pb 的丰度值分别高于克拉克值 3.7、3.0 倍，Sn、Cu 丰度值分别高于克拉克值 1.25、1.30 倍；新元古代震旦系底部为澄江组尤其富 Cu，其丰度为 357×10^{-6}，浓集系数达 7.6，Pb 丰度 72.55×10^{-6}，浓集系数为 4.5，Sn、Zn 丰度也略高于克拉克值。出露于区域东部的屏边群 Sn、Pb 丰度分别比克拉克值高 1.7、1.5 倍[320]。

此外，在震旦系底部澄江组以上较年轻的地层中，二叠系富集 Sn、W、Cu、Pb、Zn 等，寒武－奥陶系富集 Sn、Pb。

以上分析数据说明，老君山矿集区基底地层具有为上覆地层中矿床提供成矿物质的条件，在深部结晶或变质基底(壳源)重熔过程中可以富集起来，并在岩浆上侵过程中，同化部分含矿物质较高的地层，萃取地层中金属组分进入成矿流体参与成矿。

7.3 成矿控矿因素

7.3.1 矿床(体)空间分布特征

老君山矿集区工业矿体一般都位于有利地层、构造、变质带、岩体等复合地质部位，具有较明显的空间分布特征：

(1)锡锌矿体位于田蓬组中下部碳酸盐岩与碎屑岩交互过渡带中。

(2)矿床位于区域变质岩绿片岩相带的下部，大致沿变质带展布，下伏的角闪岩相带的片麻岩系仅具零星矿化。

(3)矿床赋存于都龙－马关与南温河两平行断裂之间，矿体长轴方向受纵向断裂制约。

(4)矿床一般位于 γ_5^{3a} 期粗粒含斑二云母花岗岩旁侧，隐伏的 γ_5^{3b} 期中细粒白云母花岗岩小型隆起之上，锡锌矿床的形成与岩浆活动关系密切。

矿体外形不太规则，具分枝、膨胀、收缩等变化。大矿体一般为似层状，小矿体呈透镜状、扁豆体、囊状、条带状，沿层间断层分布的陡倾斜矿体，局部为脉状。厚大矿体中有夹石存在，往往夹有大理岩、片岩残留体，其形态很不规则，呈扁豆状或囊状(图7-1)。

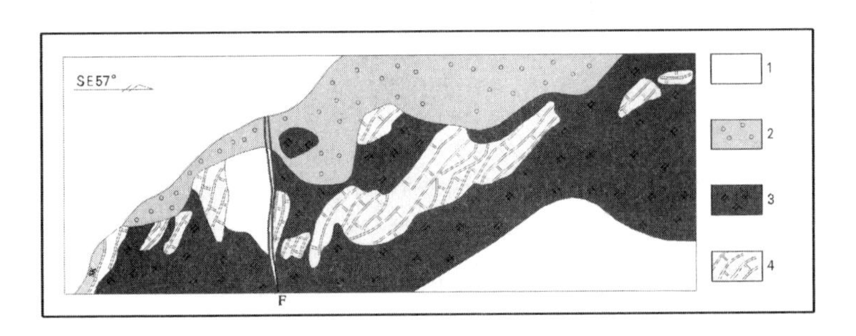

图7-1　曼家寨矿田残留大理岩形态素描图

1—人工堆积废渣；2—疏松多孔氧化矿；3—块状硫化矿；4—含矿大理岩

7.3.2　成矿控制因素分析

老君山矿集区具有独特的成矿环境及多种成矿控矿因素，不同类型矿床(点)星罗棋布，受地层层位、围岩岩性、岩相古地理，断裂构造、变质相带、花岗岩体等多种成矿地质条件控制。

古地理与成矿物质的初始聚集有一定关系，本区在加里东阶段寒武纪沉积期为一深拗陷槽谷地带，成为康滇古陆、哀牢山隆起、越北古陆成矿物质剥蚀迁移有利的堆积场所，拗陷部位具有巨厚的含黏土质高的碎屑岩相，对锡矿床的形成有重要的意义，该区大型矽卡岩型锡、锌矿位于中寒武世田蓬组的海盆拗陷中心，此时期形成的裂陷槽也是有利的导矿和容矿的场所。

区内中寒武统田蓬组、龙哈组、下寒武统冲庄组等地层中锡、钨、铜、铅、锌、银等成矿元素丰度值较高，为原始沉积、喷流热水沉积、构造活动、变质作用全过程的综合结果，因此地层对矿床的形成有一定的控制作用。

变质过程也是成矿元素迁移集中的过程。区域变质作用是形成含矿矽卡岩的重要阶段，导致矿源层中分散的成矿元素产生活化，迁移和富集。

矿集区内的文山-麻栗坡大断裂、马关-都龙大断裂，分布于老君山花岗岩体北东侧和南西侧，对矿集区内地质构造的发展演化和矿产分布具有明显的控制作用。文山-麻栗坡大断裂是矿集区规模最大的一条超壳断裂，该断裂自晚古生代至新生代具有继承性活动，对滇东南泥盆纪以后地质发展、构造演化起到了重要的控制作用。马关-都龙大断裂切割较深。断裂带中同生角砾发育(图版Ⅰ-1、图版Ⅰ-2)，沿断裂带及其附近有花岗斑岩脉及长英岩脉分布，并有热液矿化蚀变，说明断裂具多期活动性(图版Ⅱ -5、6)。断裂旁侧的次级构造和有利含矿地层中，分布有不同类型的金属矿床，如铜街、曼家寨、兴发、辣子寨、花石头、老寨等矿床。

除上述两条区域性断裂以外，尚有南温河断裂、南亮断裂、马卡逆断层等，对区域地质的发展、演化和成矿作用有一定的控制作用。

矿集区已发现的矿种及矿床(点)的分布与花岗岩息息相关，矿床围绕岩体成环状分布。

以上研究表明该矿床具有多重复合控矿因素的特点。

7.4 矿床多因复成成矿机制及成矿演化模式

7.4.1 矿床成矿作用及成因类型

根据区域成矿环境、地质特征及矿区成矿条件分析，老君山矿集区内各大矿田大致围绕老君山岩体成环状分布，矿集区中各类矿床重叠，不同形态的各类矿体成群产出。可以得出矿床受以下成矿作用影响。

1)喷流热水沉积成矿作用

研究证实了矿集区经历了喷流热水沉积成矿阶段，在印支期中三叠世早期，由于区域性强烈地壳运动，老君山矿集区产生激烈的张性断裂，陆壳被拉张变薄，地幔上突，深部基性岩浆随之上涌，伴有基性火山活动，为地下热液涌出和海水下渗循环形成良好的通道。裂陷槽形成过程中的高热流，为成矿作用提供充足热能。该区裂陷形成过程中，主要构造带内地壳张裂下沉，两侧相应抬升，形成了海底凹地(裂陷槽)。火山喷发物质受海水压力和动力作用，就近选择裂陷槽堆积，或搬运到一定地域沉积，喷发带来的大量气液物质和金属元素，形成含矿基性熔岩及细碧质凝灰岩、细碧质火山角砾岩以及层控型块状硫化物矿床。因此，裂陷槽是良好的控矿构造，也是容矿场所。

2)岩浆热液成矿作用

老君山矿集区岩浆活动频繁，多期岩浆活动在岩浆侵位冷凝过程中，放出大量的热能，围岩中的成矿元素被活化，与此同时形成温压梯度，使岩浆后期热液的运移有了驱动力；另一方面，花岗岩微量元素分析显示矿集区锡、钨、铅、锌等成元素丰度较高，表明多期岩浆活动为锡锌多金属矿床形成提供了物质基础。另外从包裹体分析表明花岗岩浆富含挥发组分氟，是成矿元素迁移集中的载体。

根据上述成矿作用分析，老君山矿集区主要有三种矿床类型：喷流沉积 - 变质改造 - 岩浆热液叠加富集型、高温岩浆热液型(长英岩 - 石英脉 - 伟晶岩型)、中、低温热液脉型。

综上所述，老君山矿集区存在多种成矿作用，并在此基础上形成了多成矿作用复合的多成因矿床，表明老君山矿集区的成矿属典型的多成矿作用、多成因类型复生矿床。

7.4.2　矿床多因复成成矿

老君山矿集区的矿床成因历来就颇有争议，概括起来，其成因观点主要有如下3种：①岩浆热液成矿[42-50]；②热水沉积-热液叠加改造成矿[22]；③沉积-变质-热液改造成矿[19, 36]。

矿集区多构造演化阶段使该地区具备形成多因复成矿床的先天条件、临产条件和后天条件，也决定了矿床形成、演化和叠加-改造的复杂性，这种叠加-改造成矿的复杂性体现在：①大地构造演化空间上体现在：区域地壳拉张-挤压体制的多次交替，造成裂谷作用和不同规模的褶皱、断裂、脆-韧性剪切和逆冲推覆等变形变质作用，时间上则表现为多旋回性；②(次)火山、岩浆、沉积作用多阶段性；③成矿作用及矿床(体)成因的多类型性；④控矿因素的多重性；⑤成矿物质的多源性。根据陈国达的历史-因果论大地构造学和多因复成矿床理论[59~60]，以上研究表明，老君山矿集区具有“五多俱全”特征，是一个典型的多因复成矿床。而且，由于区域大地构造环境和成矿条件的类似性，在老君山北西也形成了以白牛场矿床为代表的多因复成多金属矿床。

综上所述，早-中寒武世，本区为深拗陷区，沉积物为一套含炭质、有机质碳酸盐与钙泥质碎屑岩组合的矿源层建造。中寒武统田蓬组具有较高的成矿元素丰度值，构成了地球化学异常的高值区，为矿床形成、演化提供了物质基础。由于区域性强烈地壳运动，老君山矿集区产生激烈的张性断裂，陆壳被拉张变薄，地幔上侵，深部基性岩浆随之上涌，伴有基性火山活动，为地下热液涌出和海水下渗循环形成良好的通道。裂隙槽形成过程中的高热流，为成矿作用提供充足热能，火山喷发物质受海水压力和动力作用，就近选择裂陷槽堆积，或搬运到一定地域沉积，喷发带来的大量气液物质和金属元素，形成含矿基性熔岩及细碧质凝灰岩、细碧质火山角砾岩以及层控型块状硫化物矿床。尔后在多期次的构造旋回中，随着递增变质作用的逐步增强，成矿物质在变质热液作用下活化迁移，锡钨多金属矿化随着简单硅酸盐向复杂硅酸盐转化而逐步聚集；燕山期陆壳重熔富锡(多金属)“S”型花岗岩上升侵位，硅、碱质交代作用加强，岩浆晚期热液的叠加改造，形成层控型的锡石硫化物矽卡岩型矿床。在分析成矿过程的基础上，可以推测老君山超大型锡锌多金属矿集区的多因复成成矿演化模式为：喷流-沉积矿源层的初始聚集-区域变质热液对矿质的活化迁移-岩浆热液的叠加富集，其成矿演化模式见图7-2。

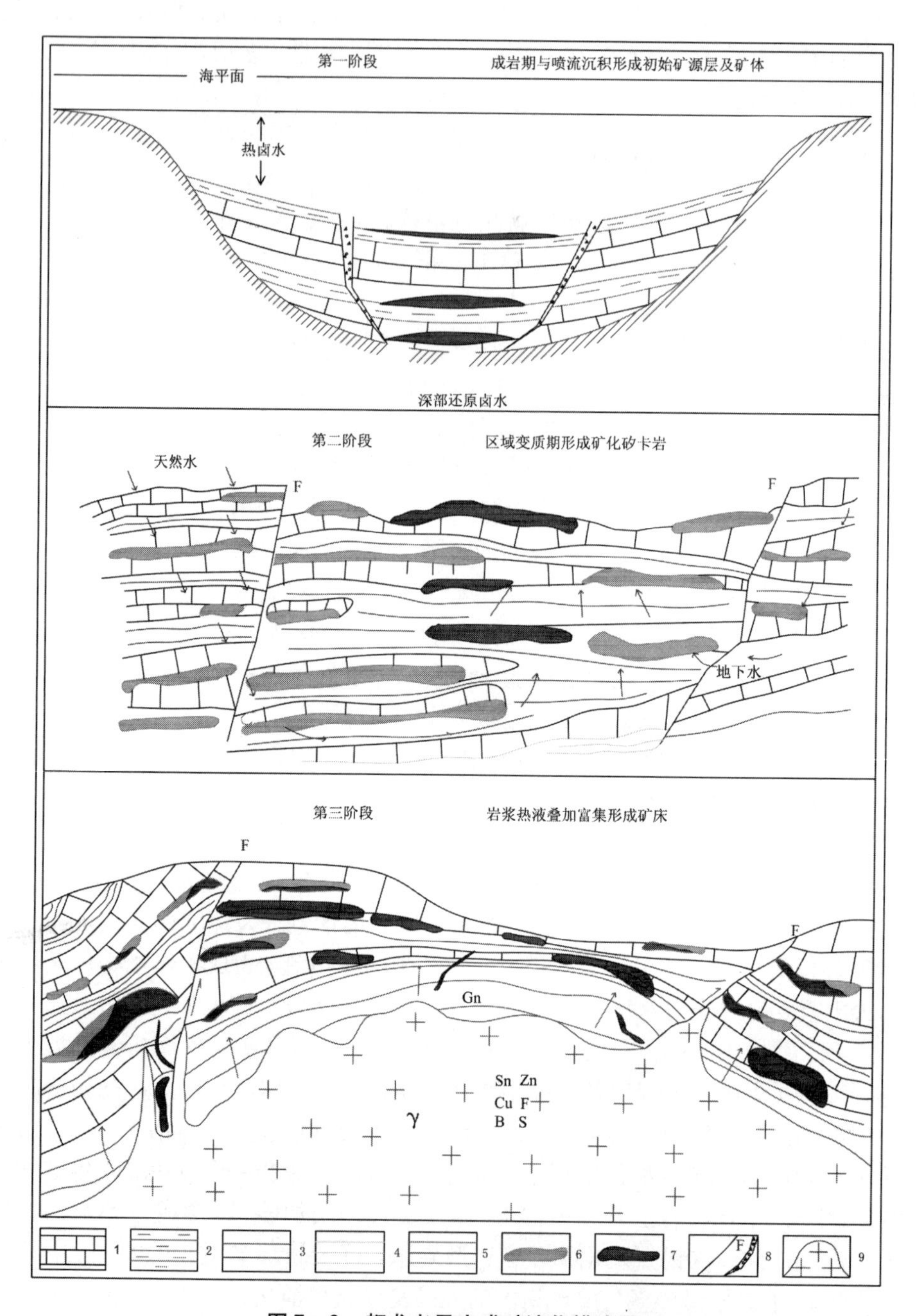

图7-2　都龙老君山成矿演化模式图

1—碳酸盐岩相；2—泥质岩相；3—钙质粉砂岩相；4—砂质沉积岩相；5—混合岩相；6—矿化矽卡岩；7—矿体；8—断裂及断裂破碎带；9—燕山期花岗岩

7.4.3　矿床空间定位综合模式

综上所述，燕山晚期岩浆热液型和热液叠加改造型明显集中分布在加里东期火山喷出沉积成因的矿化集中区内，即燕山期岩浆成矿流体活动明显受加里东期火山喷流沉积成因矿层或矿化体的制约。而且前者明显叠加改造后者，构成老君山矿集区独特而典型的成矿温度倒序的特征。老君山矿集区超大型锡锌多金属矿床的成矿模式为：早期低温火山喷流沉积成矿被晚期中－高温矽卡岩型、热液型成矿的叠加，而构成“多位一体”的成矿模式。

通过上述五“多”因素的分析，综合考虑有利地层、构造、岩浆岩之间的相互配置，组合控矿形式，老君山矿集区矿床(矿体)空间定位规律可以如下综合模式图示之(图7－3)。

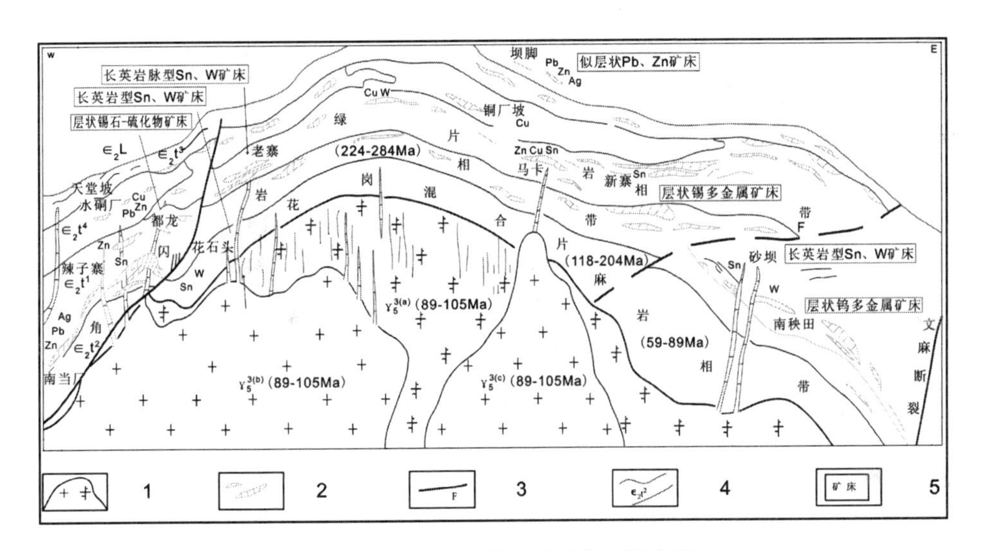

图7－3　老君山矿集区成矿综合模式图

1—花岗岩；2—矽卡岩；3—断裂；4—岩相地层及名称；5—矿床类型

第8章　老君山矿集区数字矿床空间信息成矿预测

8.1　遥感信息解译技术

遥感技术在最近几年得到了长足的发展，它可以实时地、准确地获取资源与环境的信息，具有获得资料的速度快、周期短、能反映动态的变化，受地面条件限制少、获得的信息量大且成本较低、收益大等优点。遥感技术为数字地球的发展提供了先进的数据获取手段。尽管人们对获取实时的遥感数据需求很大，但其中绝大部分数据从未被使用过，其原因是我们缺少遥感信息提取的方法和模型。因此，遥感信息提取技术是实现将遥感信息转换成资源环境信息，转变成可作为决策的依据的关键技术。

任何一种金属矿产的形成总会伴随着相应的成矿流体活动，由此而形成的地球化学晕和地球物理异常场是成矿过程中的必然产物。而地表岩石地貌、构造地貌以及人眼所不能感知的地质体的地球化学晕和某些地球物理场等特征，均具有较强的光谱敏感性。这种光谱特性属电磁波范畴，在卫星遥感数据上可以得到或隐或现的表现，经过遥感图像的处理能够最大限度地扩大地质体光谱敏感性的差异。因此，通过遥感图像处理方法，可以对各种与成矿有关的矿化蚀变岩石或矿化带进行计算机识别判读；并通过对遥感图像上的“色、线、环”等要素组合进行解译和研究，结合地质、物探、化探成果综合分析，有利于查明地表地质构造、地质体分布规律及其与金属矿化蚀变的空间关系，进而在成矿理论的指导下达到找矿预测的目的。

8.1.1　老君山地区遥感线性信息解译

1. 遥感基础图像处理

以美国陆地卫星 TM 数据作为基本信息源，对老君山矿集区(东经 104°23′～104°47′；北纬 22°47′～23°08′)的遥感影像进行了计算机处理，应用比值加主成分分析的方法对区内热液蚀变弱信息加以提取，并从实际地质情况出发，采用计算机识别和人工判读相结合，对区内的线形、环形构造进行了解译。

首先，通过对老君山矿区内原始 TM 数据图像的几何校正、地理配准等预处理，得到具有统一地理坐标和校正控制点的各波段图像数据；然后根据各个波段特征值的统计分析，以及几种合成方案的比较，选取相关系数相对小的三个波段最佳组合进行彩色合成，获取目标物明确、纹理清晰、色彩丰富、层次分明、精度准确的遥感基础图像(如图8－1所示)；最后，根据TM各个波段所能反映的地质信息，结合工作区成矿地质条件和地质矿产图，进行波段比值、主成分分析、HIS变换等信息增强处理，制作遥感信息增强图像。

图8－1　都龙老君山矿集区TM遥感影像

2. 线形、环形影像特征

从图8－2的线、环形影像构造解译结果来看，老君山超大型锡多金属矿集区的控矿构造格局在卫星遥感图像上的反映十分明显，它通过不同的色彩和线、环构造及其组合表现出来。总体上，老君山矿集区几乎以老君山为中心显示出两个巨大的复式环形影像构造(一级环)，直径约15～30 km；大环内包含多个直径分别约为5 km、10 km的次级环形构造(二级环)，以及多个成群分布、规模不等的更次一级的小型的环形构造(三级环)。东西两个一级环形构造分别涵盖了老君山东区的老君山复式背斜和片麻岩区以及麻栗坡向斜，且二者有部分重合。

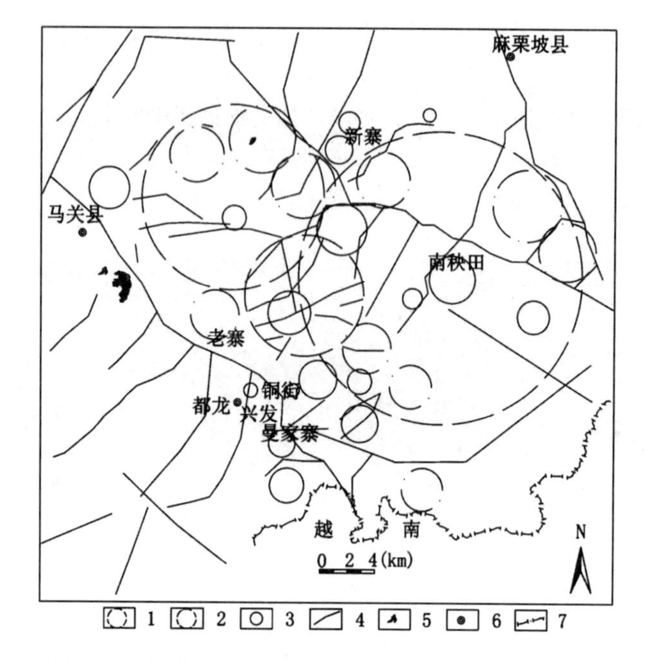

图 8-2 都龙老君山矿集区遥感线性、环形构造解译图

1——一级环状构造；2—二级环状构造；3—三级环状构造；
4—线性构造；5—水库；6—主要地名；7—国界线

8.1.2 遥感矿化蚀变信息提取

地物的光谱特征是遥感信息提取的基础。老君山矿集区内发育的与金属矿化有关的热液蚀变类型主要有硅化、褐铁矿化、黄铁矿化、绿泥石化、绢云母化、矽卡岩化、碳酸盐岩化等，这些近矿围岩蚀变矿物可大致分为含羟基类和含铁离子类。含铁离子矿物富含 Fe^{3+} 和 Fe^{2+} 离子，含羟基类矿物富含水(H_2O)、羟基(OH^-)或碳酸根(CO_3^{2-})等基团。这些结构离子的电子跃迁、振动和转动过程，使富含这些离子或基团的矿物产生特征的光谱。其中含有羟基(OH^-)和含有 CO_3^{2-} 基团的蚀变矿物，如绢云母、绿泥石和碳酸盐矿物在 TM7(2.08 ~2.35 μm)波段都有强的吸收带，在 TM5(1.55 ~1.75 μm)波段为强反射，即在这两个波段之间存在强的光谱反差；而在 TM4 和 TM1 波段间则存在微弱的光谱反差。与矿化有关的某些铁的蚀变，如褐铁矿化、黄铁矿化等，在 TM3(0.63 ~0.69 μm)波段的光谱表现为强反射，在 TM1(0.45 ~0.52 μm)、TM2(0.52 ~0.60 μm)和 TM4(0.76 ~0.90 μm)波段，相对 TM3 而言表现为不同程度的吸收特征。这是通过 TM 遥感数据识别和提取这两类矿化蚀变异常信息的重要依据。据此可根据蚀变岩(蚀变矿物)与未蚀变岩之间的光谱差异性提取出研究区的与含铁离子类矿物蚀变岩有关的铁化蚀变异常和与含羟基类蚀变岩矿物有关的泥化蚀变异常[327-329]。

1. 主成分分析(PCA)

在图像处理中，经主成分分析，将 TM 图像转换为一种不相关的表征函数。在主成分分析结果中，第一主成分取得总方差的绝大部分，通常是与地形和植被有关信息分量的反映，而与蚀变信息相关的波谱特征则主要存在于更高级的主成分分量中。Loughlin[330]的研究表明，有目的地对一定波段组合进行主成分分析可将特定的信息聚集到单一的主成分分量中。如 TM1、TM3 或 TM2、TM3 组合有利于含铁离子蚀变信息的提取；同理，输入波段中 TM5 和 TM7 组合有利于含羟基蚀变矿物信息提取。因此，对含铁离子蚀变矿物信息提取，可采用 TM1、TM3、TM4、TM5；TM2、TM3、TM4、TM5；TMI、TM3、TM4、TM7 或 TM2、TM3、TM4、TM7 组合进行主成分分析。而对含羟基蚀变矿物信息提取，可采用 TM1、TM4、TM5、TM7；TM2、TM4、TM5、TM7 或 TM3、TM4、TM5、TM7 加以分析。

2. 比值处理

对 TM 7 个波段进行比值合成的方法近 8000 种，如果再考虑应用某些波段进行加、减等逻辑运算后再作比值处理，方法会更多，通过比值处理可以根据研究区不同特点优选出较好找矿信息来。本次研究中，我们主要选用了 TM5/7、TM5/4、TM4/3、TM3/1 及 TM3/4 这几个 TM 比值数据。根据蚀变矿物的波谱曲线，含 OH^- 蚀变矿物在 2.2 μm 附近有明显的吸收谱带，含 CO_3^{2-} 矿物在 2.35 μm 处也有明显的吸收带，这与 TM7 的波长范围相吻合；而在第 5 波段的波长范围(1.55 ~1.751 μm)内，除绿帘石族矿物在第 5 波段波谱范围内有一个异常的吸收带外，很少有矿物的吸收谱带，其他矿物都表现出高反射的特点。未蚀变矿物在 5、7 波段的波谱范围内没有明显的波谱特征，表现在 TM5、TM7 两个波段的相对亮度值相近，因此 TM5/7 能有效探测含羟基黏土矿物和碳酸盐矿物，即在 TM5/7 比值图像上，黏土矿物和碳酸盐矿物将以高值浅色调显示出来。二价、三价铁离子在 TM2、3、4 波段都有一些吸收谱带，而在 0.9 μm 处具有更为明显的吸收带，TM4 波段恰好位于这个波谱带范围，因此 TM5/4 可以提取含铁蚀变矿物信息，与此同时由于 TM4 波段对绿色植被有较高的反射率，所以运用 TM5/4 可以区分植被与植被覆盖的土壤和岩石特征。TM4/3 是一种最佳植被指数，在 TM3 波段，绿色植物的叶绿素吸收特征明显，在 TM4 波段处为一近红外高反射区，因而 TM4/3 有很高的比值，几乎没有其他地物能引起如此高的比值。相反，TM3/4 比值很低。由于三价铁矿物于 0.46 μm 处(TM1)存在一极强的吸收谷，于 0.7 μm(TM3)存在一反射峰，因此 TM3/1 能有效地识别含三价铁离子矿物的信息。

3. 矿化蚀变信息提取处理

将研究区的与含铁离子类蚀变矿物岩有关的铁化蚀变信息和与含羟基类蚀变

矿物有关的泥化蚀变信息一步步分离提取的步骤如下：

(1)选择区内已知的矿化蚀变带；

(2)研究这些矿化蚀变带的影像特征，注意研究矿化蚀变带在TM7个单波段、单个比值及主成分分析各主分量等图像的亮度值变化，选择突出蚀变带呈较高(低)亮度值的通道或波段；

(3)选择3个反映蚀变带亮度值较高(低)的通道作加和运算，放到另一通道中，再将该图像赋红色(书中为灰色)与TM5(G)、TM7(B)进行彩色合成；

(4)对合成图像进行PC分类，并对赋予红分量的第一通道进行空间滤波，滤波时尽可能采用较小窗口，主要利用中值和均值滤波；

(5)对滤波后的图像进行非监督分类。压抑掉与蚀变无关的其他信息，这样便形成了一些似晕圈状的彩色蚀变异常区；

(6)将该图像叠加在TM7或其他较清晰的单波段图像上，便形成了该区的蚀变异常信息图像，并按蚀变的强弱分别赋予不同的颜色(本书中以黑白灰度反映)，使其成为面状形态，从而得到铁化蚀变和泥化蚀变(含碳酸盐化蚀变)遥感异常，然后生成泥化蚀变信息遥感异常图像(图8-3)和铁化蚀变信息遥感异常图像(图8-4)。

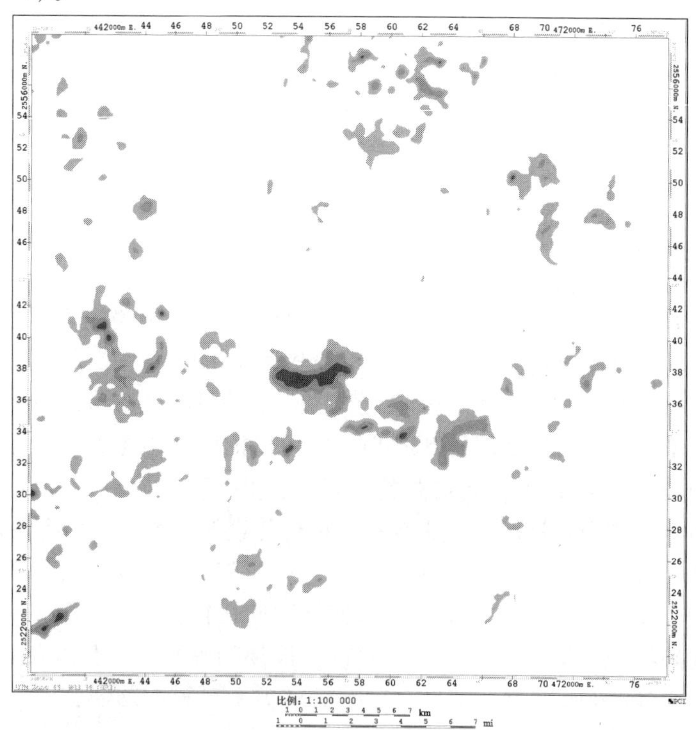

图8-3　都龙老君山矿集区泥化蚀变遥感解译异常图

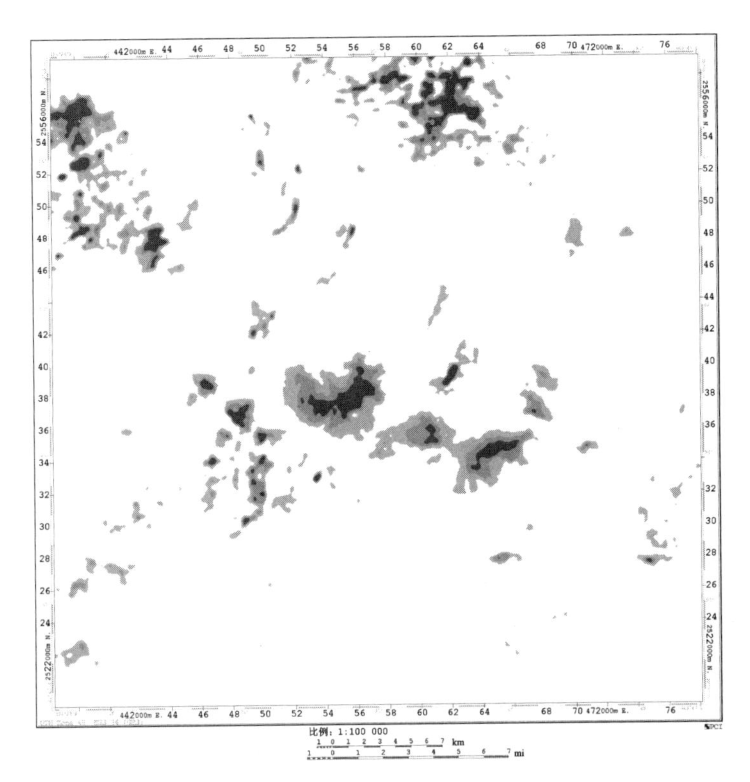

图 8－4　都龙老君山矿集区铁化蚀变遥感解译异常图

8.1.3　遥感信息与成矿的关系

结合矿集区的综合地质研究成果对本区的矿化遥感信息进行分析可以发现，区内线性构造、环形构造、蚀变异常信息之间在产出特征和成因机制上具有一定的联系，且与区内锡矿成矿作用有密切的关系。区内主干线性构造与矿集区内断裂构造吻合较好，为规模较大的断裂，在有利的环境下为成矿元素提供了运移的空间通道，为主要的导矿和控矿构造。而一些较晚形成的次级线性构造，多为规模较小的次级断裂，常成为含矿或容矿构造。区内环形构造产出明显受主干线性构造的控制，从成因机制看主要为构造岩浆岩活动的产物。从蚀变图上可以发现矿集区整体表现为围绕岩浆岩体与寒武系地层的接触带部位及复式岩体之间的接触部位，蚀变晕较强；在中部矿化集中区内表现有两处强烈蚀变晕，且泥化晕、铁化晕吻合非常好，色调深、强度大，整体呈东西走向，在这两处的中间部位则蚀变晕减弱，实际上这也是受深部隐伏岩体影响所致，两处蚀变较强部位分别为与燕山第一期和第二期岩体对应的隆起部位，也是矿化最强部位，而在北部蚀变相对较强地段则为岩体、矿化体埋藏较深的新寨矿区产出部位。在本区经 TM 数据提取的铁化、泥化遥感蚀变异常信息，主要反映区内锡矿化的蚀变特征，与区内构造岩浆活动及锡矿成矿作用有关，与锡矿矿床(点)和化探组合异常吻合很好。其空间相关系数较高，且往往分布在断裂构造附近及其交汇区，表明蚀变信息是指示找矿的重要标志，可作为成矿预测的有力依据。根据时空耦合综合研究分析表明，区内的线性构造、环形构造、蚀变信息产于有利成矿信息的复合部位或临近地段，为锡锌矿成矿的有利环境或场所。

8.1.4 遥感构造与蚀变的分形特征

1. 分形理论简述

分形理论是现代研究复杂性的科学理论的重要组成部分，它虽然从诞生到现在才短短三十几年的时间，然而它却对人们的自然观、科学观、科学方法论、科学思维方式等都产生了深刻的影响。分形理论被各个领域所应用，但主要用于研究非线形问题，成矿预测学中的许多重大基础问题研究也涉及到非线形问题，如矿床与成矿事件及各种成矿控制因素之间不显示简单的线形关系，而迄今各种定量预测模型大多以线形理论和方法为基础[331-335]。

2. 分形模型

地质现象中的标度不变性特征十分普遍，但往往不是绝对相同的，而是统计意义上的相似。它存在于一定的标度范围内，即无标度区。以断裂构造的二维平面分布的分形统计研究为例，目前，研究线性构造分维的方法有很多，常用的有长度-频度统计法、圆覆盖法及盒计维数法(Box - Counting Dimension method, Mandelbrot[331])等。本书采用第三种方法，即改变观察尺度求维数的方法(盒计维数法)。此方法是用圆、线段、正方形等具有特征尺度的基本图形来拟合分形图形。其具体分析方法是[336-339]：

(1)选用边长为 L 的正方形初始网格覆盖在遥感资料解译图上，在此基础上，分别选取 $r=L/2$、$L/4$、$L/8$、$L/16$、$L/32$ 的网格，求出相应标度下含有线性构造的网格数 $N(r)$；

(2)在 $\lg r-\lg N(r)$ 坐标系中作图，用计算机回归求解技术求得最后回归直线斜率的绝对值即为分维值 D，同时可求得相关系数 R。

如果对不同的 L 都满足：

$$N(r)\propto r^{-D} \tag{8-1}$$

则认为研究区域内的断裂系统的二维分布服从分形分布，D 为分维数。上式可写成：

$$N(r)=kr^{-D} \tag{8-2}$$

其中 k 为常数，将式(8－2)两边取对数：

$$\lg N(r)=\lg k-D\cdot\lg r \qquad (8-3)$$

显然，在对数坐标系中 $N(r)-r$ 图为一直线，直线的斜率即为 D。

对矿集区遥感线性构造和蚀变进行分形统计所采用的标度为 8.000～0.5 km。经过统计计算，最后求得研究区的分维值 $D=1.678$，相关系数 $R=0.997$(图 8－5)。说明 $\lg N(r)$ 与 $\lg(r)$ 具有极好的相关性，表明矿集区线性构造具有分形特征，其分形结构具有很好的统计自相似性。

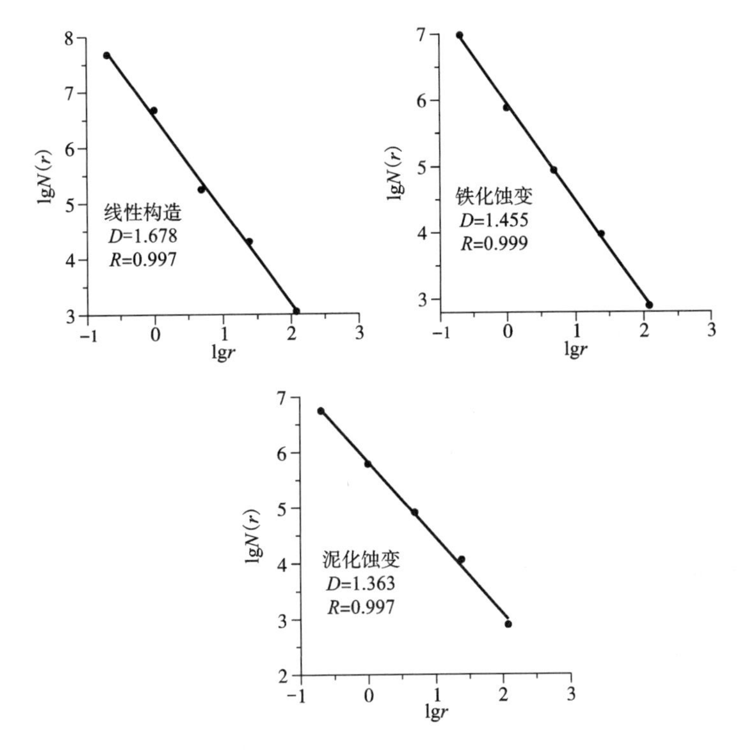

图 8－5　老君山矿区遥感线性构造、铁化、泥化蚀变分形统计

将矿集区的分维值与其他地区进行对比(表 8－1)，可知老君山矿集区所测得的分维值高于华南地区线性构造、川滇西北断裂构造、柴达木盆地北缘断裂的分维值，而与广西区断裂、日本岛弧断裂、高龙矿区线性构造、德兴斑岩铜矿区断裂分维值相近。表明矿集区的断裂分形结构偏于复杂，活动性偏强，成矿更为复杂。

表 8-1　研究区及其他地区线性构造分形特征

区域	分维值	资料来源
老君山线性构造	1.678	本书
高龙矿区线性构造	1.660	余勇等
华南地区线性构造	1.35	孔凡巨等
日本岛弧线性构造	<1.6	Hireta
川滇西北断裂构造	<1.5	皇甫岗等
德兴西北断裂构造	1.596	金章东等
广西区断裂构造	1.62	郭纯清等
柴达木盆地北缘断裂构造	1.23	曾联波等

8.2　基于 GIS 的矿床空间信息成矿预测模型

数字矿床模型是目前国际地学界前缘性研究课题，该项研究始于美国地质调查局，并在其网页上公开了正在进行的“高级资源评价方法”研究计划，其中包含了有关数字矿床模型的研究内容。

数字矿床模型通过将描述性矿床模型数字化、知识化，以计算机可以直接识别和处理的数据、知识规则和符号形式，在计算机中建立起与之对应的数字化矿床模型。数字矿床模型包括地质学、矿物学、与空间相关的矿床类型、构造信息、地球物理和地球化学等信息，它能推断出预测区内可能出现的矿化类型；并根据描述性矿床模型的组合标志特征，通过非线性映射，建立起矿床概念模型的组合标志与矿床产出概率之间的非线性映照耦合关系，进而对预测区进行成矿预测，完成预测区靶区圈定工作。利用这种非线性映照耦合关系，结合选定靶区的勘查数据，如地球物理、地球化学、遥感等数据，建立起找矿预测的数学模型，即靶区优选及资源评价模型。因此，数字矿床模型是以矿床概念模型和勘查数据共同驱动的，将数学地质、人工智能与 GIS 技术相结合，完成矿产资源综合定量预测评价，实现概念模型评价方法与经验模型评价方法的统一。

模型或模式在地球科学中应用已越来越广泛，普遍受到广大地质工作者的重视。肖克炎教授(1994)认为，模式主要是对客观事物内在联系、内在机制的深入研究与刻画，具有高度理论概括意义；模型则强调应用，是对事物具体属性的刻画与描述。自从斑岩矿床模式的成功建立以来许多模式相继问世，如石油生油模式、地球化学分带模式、卡林型金矿模式、扮岩铁矿成矿模式等。成矿模式、找矿模型的建立，促进了地质勘查工作的深入开展，丰富了矿床成矿理论。随着找矿难度增大，模型找矿就具有特别重要的意义。赵鹏大教授(1983)强调运用数学地质方法研究矿床的统计性找矿标志，以建立统计找矿模型。而矿床空间信息模型则是从综合成矿信息分析出发，对地质、地球物理、地球化学等多源信息进行有机综合与研究，从中抽象出矿产资源体可能存在的控矿因素、找矿标志、找矿准则和矿化信息及其空间分布特征的概念或图表模型。

8.2.1　矿床空间信息模型与成矿模式的关系

矿床空间信息模型的研究，对控矿因素、找矿准则的认识及物化探找矿信息关联提取，都依赖于正确的成矿模式，成矿模式在地质认识上的重大突破往往会对找矿工作产生重要影响。

从找矿角度出发，充分研究综合找矿信息，通过研究矿床类型的空间分布及其定位机制与影响因素，把找矿信息与空间实体相关联，建立客观的找矿模型，可以全面或部分反映成矿系统的发生发展过程。

由此可见，在矿床地质找矿研究中，矿床空间信息模型与成矿模式的研究是相辅相成、互为补充的关系。

8.2.2　信息统计单元概述

早在 20 世纪 50 年代，美国学者阿莱斯就曾用等面积矩形作为地质统计单元，研究矿产资源评价问题，从而为统计学进入成矿预测领域架起了桥梁，这种网格单元法一直延续至今被人们广泛采用。70 年代末，国外有人用控矿岩体作统计单元预测镍矿资源，收到了较好效果。80 年代初，赵鹏大教授对网格单元进行了改进，同时朱裕生等尝试用其他方法划分统计单元。但是，目前地学界还是把信息统计单元与成矿预测单元作为一个概念来使用。赵鹏大教授等认为在传统的矿床统计分析方法中，须用样本的观测结果来描述总体特征和确定远景区。因此首要条件是应当保证抽样的随机性，同时还应保证样品的代表性。为此，通常选择一定大小的网格将整个研究区划分为面积相等、形状相同的“单元”。“单元”犹如地质取样中的样品。用作统一预测和取值范围的基本单位，同时也是进行成矿远景计算、比较、评价的基本单位。所以单元的大小和形状对预测效果有很大的影响[340－343]。

本书从地理信息处理的角度出发，把信息统计单元和成矿预测单元独立开来，既便于信息的统计处理，又便于表达地质体的完整性和统一性。成矿过程是各种地质变量在整个地质演化过程中相互作用的结果，其演化的过程具有时间性和空间性。时间性表现在不同的地质时期不同的地质作用形成不同的矿床类型；空间性表现在成矿系统演化过程中历经不同的地质构造单元。这些地质构造单元不同的物理化学条件会对成矿系统的演化过程产生重大的影响，甚至对能否形成矿床或形成矿床的类型起到决定性的作用。成矿信息在成矿系统的时空演化过程中将会随时间和空间的变化而呈现有规律的改变，因此，把预测区域均匀地划分为若干等面积单元，用于进行成矿信息时空变化规律统计分析的基本单位，相当于把成矿信息的变化曲面离散成为若干可以进行统计分析的数据点，从而利用这些数据点可以分析成矿信息的整体时空变化趋势，为成矿预测的进一步工作打下坚实的基础，这种单元就是信息统计单元。

所谓地质体单元，是指对研究对象有控制关系的地质体所构成的单位，它们不仅具有实在的地质意义，而且可作为样品进行统计分析。地质单元由控制矿产存在的地层、构造、岩浆岩条件及物、化探、航空卫星资料及有关信息资料所组成，它与实际地质规律是吻合的，地质意义是明确的。地质体单元研究的基本内容在于单元的定义域和边界条件。单元的定义域是决定某类地质矿产单元存在的地质、地球物理和地球化学控矿条件及空间分布规律。单元的边界条件，则给出了具有某种地质意义的单元空间几何形态及成矿条件变异的最低阀值。由此可以得出一个结论，用于进行地质信息统计的信息单元与上述地质体单元完全是两个不同但又互相联系的概念。通过信息统计单元对预测区域内成矿信息变化规律的拟合，可以得到对控制矿产产出的地层、构造、岩浆岩及物探、化探、航空卫星资料及其组合在空间的变化规律。具有相同或相似控矿信息特征的各信息统计单元在空间的有机结合即为地质体单元。这种地质体单元不但给出了地质体单元的定义域，同时还隐含了地质体单元的边界条件。

8.2.3 信息统计单元的划分

目前，在国内外的成矿预测中应用最广的是规则网格单元划分法，基本思想是运用统计学分析原理，在一定比例尺条件下选择一定大小的网格将整个研究区划分为面积相等形状相同的单元，用作统一观测和取值的基本单位，通过样本的观测来描述总体，并遵循抽样的随机性及样品的代表性原则。这里如何确定最佳的网格单元大小是关键问题，矿点空间分布统计模型与单元面积大小也有直接关系[344, 345]。

目前之所以主要采用规则网格单元划分方法，是因为它能在统一观察和定量的前提下，把众多的地质变量所包含的矿产资源信息量最大限度地反映出来，这有利于矿与非矿地质特征的判断，并且给矿产预测的计算机网格化带来了方便，尤其是在 GIS 支持下，网格单元的划分及单元中信息的提取非常便利。通常对预测单元的划分应考虑的因素有：预测比例尺和精度要求；预测区地质条件复杂程度、矿点数及空间分布特征；研究区范围大小及保证统计分析所需的单元数；地质特征的空间变异性等。

从矿点分布的方差 S^2 与其均值 X 的比例变化可知，单元面积越大，单元矿点分布模型越接近负二项分布；单元面积越小，则越接近泊松分布。因此，单元大小反映了不同的抽样观测条件。条件不同，则会影响统计分析的结果，单元面积的大小目前尚无明确的划分准则，但常用的经验算法如下：

(1)经验性最佳面积 $S = 2 \times$ 预测区总面积/矿点总数。

(2)单元大小能保证当矿点的分布为随机型时，落入单元内的期望矿点数等于或小于实际落入单元矿点数标准差的 3 倍，即：

$$\delta/E = \sqrt{(1-S)/(nS)} \tag{8-4}$$

式中，E 为落入单元内矿点数的数学期望；δ 为实际落入单元内的矿点数 x 的标准差；S 为单元面积(%)；n 为矿点总数。若 $\delta/E = 1/3$，则 $S = 9/(9+n)/100$。

(3)相应比例尺单元大小的参考数据区间：根据相应比例尺的地质图用 1 ~ 4 km^2的面积为基本单元的大小，如对于 1∶5 万地质图，单元大小为 0.25 ~ 1 km^2的面积比较适宜。

(4)智能单元面积。根据算法(1)(2)(3)中的因素和经验公式，系统将以上专家知识经验形式化、具体化，采用对话框提问方式，通过对预测区基本地质特征的询问，如预测区长度范围、地质图面上的矿点数目、比例尺信息，推理计算出最佳单元面积，然后转换成相应的网格图形叠加于地质图上。

(5)用户单元面积。它主要根据用户直接提供的单元大小参数，进行屏幕图形的网格单元确定。单元大小及网格数的多少根据用户的经验和知识随意缩放、旋转，直到用户满意为止。

本次研究统计单元的划分主要考虑对矿化的显示，同时又考虑了统计计算、地质信息变量的选取和空间分析等要素。根据矿集区的实际情况和统计计算的处理能力，采用规则网格法在 1∶50000 的都龙老君山矿集区地质图上按 1 km×1 km 的网格将研究区划分为 1680 个信息统计单元(如图 8－6 所示)。

8.2.4　预测区地质信息变量的确定及编码

1. 地质信息变量的确定

根据本章 8.1 节的分析总结，可知老君山矿集区的形成是老君山花岗岩体、龙哈田蓬地层($Є_2t$)、褶皱断裂构造及多期成矿事件等多种地质因素复合的结果，这些因素与成矿的关联性及其表现形式，是确定成矿地质信息变量的基础。

1)构造信息变量

地质地球物理资料显示，区域性的北东向文山－麻栗坡大断裂、马关－都龙大断裂等为继承基底构造并具有间歇性活动演化的深大断裂，它们的长期发展演化及地壳的拉张作用造成了古断拉谷的形成，使该区经历了早期的强烈拉张下陷、晚期挤压隆起的发展过程，成为燕山期花岗岩浆侵位通道和就位空间。

在老君山矿集区内，外接触带主要储矿体构造为纵向断裂及裂隙带组合，以

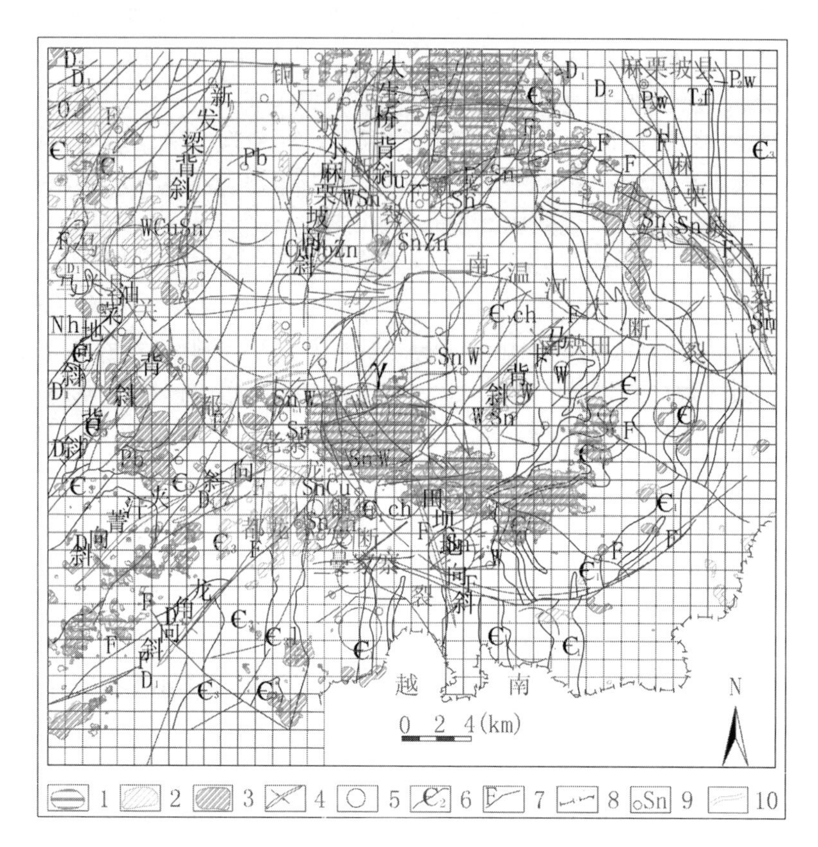

图 8-6　老君山矿集区信息统计预测单元划分

1—硅化蚀变；2—铁化蚀变；3—泥化蚀变；4—褶皱构造；
5—环状构造；6—地层线及符号；7—断层；8—国界线；9—矿点；10—矽卡岩

及缓倾褶皱带内层间剥离、破碎带、裂隙带组合，矿体总体呈南北向展布；内接触带控矿构造为花岗岩边缘及内部的东西向、南北向、北东向裂隙带。因此，地表构造行迹可作为判断深部隐伏岩体形态变化及成矿有利程度的重要依据，尤其断裂密集区、断裂交汇部位、构造转折部位及褶皱、断裂构造的复合部位是成矿的有利部位。

2）地层信息变量

本区主要的矽卡岩型矿床均赋存于田蓬组（$Є_2t$）、冲庄组（$Є_1ch$）地层中的有利岩性段。其中白钨矿床赋存于冲庄组（$Є_1ch$）中段；锡、锌多金属矿床赋存于田蓬组（$Є_2t$）中部；银、铅、锌矿床赋存于田蓬组（$Є_2t$）上部地层中。

3）燕山期花岗岩信息变量

围绕老君山岩体突起周边分布有多处成矿带，总体上构成一环状矿带，并且这些成矿带延伸稳定，而老君山边部派生出来的小岩体或次级突起往往与次级褶皱和断裂构造有关，对成矿十分有利，因此，老君山岩体主突起周边及次级突起部位是寻找隐伏矿体的重要标志。

4）矿化蚀变信息变量

花岗岩，尤其是矿点附近的花岗岩中普遍发育云英岩化、电气石化、萤石化、黄铁矿化、毒砂化蚀变，而外接触带围岩中则发育矽卡岩化、绿泥石化、硅化、褐铁矿化等蚀变，由于断裂系统的贯通，矿化和蚀变的范围会远远超出岩体所在的位置，其影响范围甚至可达地表附近。

因此，地表矿化蚀变现象及其类型、强度和规模，一直被作为深部成矿预测的重要依据，对隐伏矿床的预测同样有效。但由于地质勘探程度的差异，对地表矿化蚀变的认识程度也必然受到制约。

老君山矿区的民采曾经非常活跃，对民采情况的调查是获得近地表矿化蚀变信息的重要渠道。

5）物探、化探、遥感异常信息变量

随着老君山矿区找矿主体对象由地表矿、浅部矿、易识别矿向隐伏矿、深部矿、难识别矿的逐渐转变，找矿难度越来越大。因此，物、化探找矿方法近年来得到了较以往更多地重视和应用。鉴于老君山矿区岩石出露程度较高的现实，原生晕测量，尤其是构造地球化学测量是较为有效的化探找矿方法，而重力测量、磁测及各种电磁法测量对探测隐伏花岗岩体形态变化也能提供有效信息，对隐伏矿体的预测十分重要。

另外，我们开展了老君山矿集区遥感蚀变信息的提取和定量统计分析，由于老君山矿集区岩石出露程度较高，对遥感蚀变信息的提取十分有利，加之蚀变岩石与广泛出露的碳酸盐岩地层及未蚀变花岗岩在光谱特征上反差明显，因此所提取的硅化、铁化和泥化蚀变区域与现有矿床分布区具有高度的吻合性，可作为隐伏矿体成矿预测的有效标志。

6）多因素耦合信息变量

老君山花岗岩体接触带及其成矿现象绝不是一种偶然的地质现象，也不是由某个单一的地质因素所独立形成的，它是一个系统，是燕山期花岗岩、地质构造、地层、多成矿事件等多因素耦合的产物，因此，有关隐伏岩体及其找矿前景的预测涉及到对多种有利因素的综合考虑，可以说是一个系统工程。当多种有利因素在空间上复合时，才有利于矿体的形成，对多因素空间耦合关系的把握在理论上可以作为一种特定的标志。

综上所述，控制和影响老君山矿集区成矿的地质信息变量非常复杂，但在提取与找矿有关的信息时，有些信息是定性而不是定量的，因而无法进行统计计算。在统计变量选择的过程中，既要考虑选择的变量便于计算机进行空间分析与计算，又要注重选择有利于成矿预测的代表性变量，因此，本次研究为了建立空间定位预测模型，为了使参与叠加分析的所有图层都包含在研究的预测范围内，特选择以下变量进行空间分析：岩体、矽卡岩、绿片岩、北东向断裂、北西向断裂、东西向断裂、南北向断裂、构造交汇部位、岩体与围岩接触带、遥感硅化蚀变、遥感铁化蚀变、遥感泥化蚀变、遥感构造解译、$\in_1ch$、$\in_2t$、$\in_2l$、$\in_3x$，共 17 个变量。

2. 地质信息变量编码设计

1)空间数据分层及分类编码设计

层的概念在地理信息系统中占有重要的位置，层是地理特征以及用于描述这些特征的属性在逻辑意义上的集合。在地理信息系统中，有许多要素都可以用来构建层，从而满足不同的需要。在构建层时，通常要考虑特征的类型，特征的逻辑分组，地理数据的使用目的等。在 MAPGIS 中，地图是按层组织的，每个图层包含了整个地图的一个方面，可以看作是含有在一定空间内某项专题信息的集合。目前关于分层还没有统一的原则，一般都是根据应用需要和相应的数据特点决定的。参考国内外一些系统的分层方案，在分层过程中主要注意以下几点：要考虑用户的需求，各个不同的应用部门，对数据有不同的要求，分层将各专业要素分开，使各类用户能方便地提取所需信息；便于要素查询和图形输出；便于存放属性值；针对不同的应用软件要考虑其对分层的限制；方便数据的更新和维护[346-351]。

本次空间数据库的设计是根据综合应用的需要和图形数据的特点，按照地学空间数据模型设计的构想，结合老君山矿床地质概念模型研究的成果，突出在成矿作用过程中控制和影响矿体的形成与定位的地质信息以及找矿勘察空间信息，并力求将不同类型的空间信息进行分层管理，本次研究采用如表 8－2 所示的分层方案来管理研究区图形数据库。

表 8－2　矢量数据分层表

图件名	图层名	空间特征类型	图件名	图层名	空间特征类型
都龙老君山综合地质平面图	花岗岩	区域	老君山遥感硅化蚀变图	硅化蚀变	区域
	矽卡岩	区域			
	矿点	区域	老君山遥感铁化蚀变图	铁化蚀变	区域
	地层	区域	老君山遥感泥化蚀变图	泥化蚀变	区域
	褶皱	区域	老君山遥感构造解译图	构造解译	线
	坐标网	线	自建	成矿预测区划	区域

为了有效地组织和管理地学空间数据，需要依据地理实体之间不同的特征、相似的特征以及不同地理实体的组合特征来对地理特征进行分类分级。分类是把研究对象分为若干类组，分级则是对同一类组对象按某一方面量上的差别进行区分。分类和分级共同描述了地物之间的分类体系、隶属关系和等级关系等。对空间数据的编码设计是在分类体系的基础上进行的，一般在编码过程中所用的码有多种类型，如顺序码、复合码、层次码、简码等，在地理信息代码中常以层次码为主，层次码是按照分类对象的从属和层次关系为排列顺序的一种代码，它的优点是能明确表示出分类对象的类别，代码的结构有严格的隶属关系。在编码过程中要注意对整个系统的数据进行系统设计、统筹安排，使系统数据编码具有较强的系统性。

对地质信息变量的编码设计是在分类的基础上进行的，我们选择的 17 个变量基本上可以分为五类：地层、构造、岩体、蚀变、矿点。在编码过程中要注意对整个系统的数据进行系统设计、统筹安排，使系统数据编码具有较强的系统性。综合考虑以上原则，结合地学空间数据的特点，参考有关国家标准，本书编码体系如表 8 -3 至表 8 -8 所示。

表 8 -3　地层信息编码表

数据项	单元名称	地层名称	主要矿种	化学组成	厚度	倾向	倾角
识别码	1010001	1010002	1010003	1010004	1010005	1010006	1010007

表 8 -4　断裂信息编码表

数据项	单元名称	断裂名称	断裂面倾角	断裂面倾向	上盘地层	下盘地层	断距	断裂走向	断裂性质
识别码	1020001	1020002	1020003	1020004	1020005	1020006	1020007	1020008	1020009

表 8 -5　岩体信息编码表

数据项	单元名称	岩体名称	时代	面积	成分	面积百分数
识别码	1030001	1030001	1030002	1030003	1030004	1030005

表 8 -6　蚀变信息编码表

数据项	单元名称	蚀变名称	蚀变类型	蚀变组分	蚀变面积	面积百分数
识别码	1040001	1040002	1040003	1040004	1040005	1040006

表8-7　褶皱信息编码表

数据项	单元名称	褶皱名称	褶皱轴面倾向	褶皱轴面倾角	褶皱性质	褶皱形态	褶皱翼间角
识别码	1050001	1050002	1050003	1050004	1050005	1050006	1050007

表8-8　矿点信息编码表

数据项	单元名称	矿点数	矿种	成因类型	矿体规模	成矿时代	矿石品位
识别码	1060001	1060002	1060003	1060004	1060005	1060006	1060007

2)地质信息变量赋值

地质变量在GIS中是以层的形式存储在数据库中的，因此针对不同的地质变量其属性也是不同的，但基本上可以分为三类：点文件、线文件和区文件。地质变量取值的实质是统计各网格单元内：是否有点分布在网格内；是否有线通过网格；是否有某个层位的区文件覆盖网格。处理这样的变量在以往的研究中通用的取值方法是二态赋值法，即如果该地质变量在某一划分网格中存在，则其值为1，否则为0。在这里我们采用MAPGIS软件中的空间分析模块对各个地质变量进行叠加分析取值。对不同的地质变量其空间分析的方法不同[352, 353]，具体如下：

(1)点变量取值：判断某个网格单元内是否有点(如矿点等)分布。在MAPGIS空间分析模块中空间分析菜单下用区空间分析的区对点相交分析就可得到含矿单元的区文件。这个区文件中就包含了所有取值为1的预测矿点。

(2)线变量取值：判断某个网格单元内是否有线通过，如断裂等。在MAPGIS空间分析模块中空间分析菜单下，用区空间分析的区对线相交分析就可得到有断裂通过单元的区文件。

(3)面变量取值：判断某个网格单元内是否有面(如地层)通过。首先用空间分析模块的条件检索功能，根据地层代号(若无此属性字段，可在编辑模块中根据地层颜色参数统改层号、改当前层、存当前层等功能)将地层分布图分解成几个区文件，每个文件只包含一个地层单位，有几种地层单位(或岩体)就分为几个区文件。判断某个单元内是否有某一地层出露，可用空间分析模块中的检索菜单下的区域内检索功能，在对话框中选择区域条件文件为地层区文件，被检索文件为网格单元区文件，就可生成有某一地层通过单元的区文件。有几个地层区文件就做几次区域内检索并生成相应数量的区文件。

利用我们已划分好的网格进行地质变量取值，这样就形成$m(1680)\times n(17)$数据矩阵，m表示网格数，n表示变量数。作为参考，这里只列出10个已知矿点的变量取值表(表8-9)。

表 8－9　地质变量矩阵表

变量名称	兴发	曼家寨	铜街	新寨	老寨	坝脚	南秧田	辣子寨	铜厂坡	茶叶山
岩体	1	1	1	1	1	0	1	1	0	1
矽卡岩	1	1	1	1	1	0	1	1	1	1
绿片岩	1	1	1	1	1	0	0	1	1	0
北东向断裂	1	1	1	1	1	1	1	0	1	1
北西向断裂	1	0	1	1	1	0	0	1	0	1
东西向断裂	1	1	1	1	1	0	0	1	1	0
南北向断裂	1	1	1	1	0	0	1	1	1	0
构造交汇部位	1	1	1	1	1	1	1	1	1	1
岩体与围岩接触带	1	1	1	1	1	0	0	1	0	1
遥感硅化蚀变	1	0	1	1	1	1	1	0	0	1
遥感铁化蚀变	1	0	1	0	1	1	1	0	0	1
遥感泥化蚀变	1	1	1	1	1	1	0	1	0	1
遥感构造解译	1	1	1	1	1	1	1	1	1	1
Є$_1$ch	0	1	0	0	0	0	1	1	0	1
Є$_2$t	1	1	1	1	1	0	0	1	1	0
Є$_2$l	0	0	0	1	0	0	0	0	1	0
Є$_3$x	0	0	0	0	0	1	0	0	1	0

8.2.5　成矿有利度法的数学描述及其确定

1. 数学描述

成矿有利度法是希腊和德国地质学家和数学地质学家合作推出的，该方法在1986 年意大利国际数学地质讨论会上受到了各国数学地质工作者的好评。其数学表达式为：

$$f = \sum_{i=1}^{n} w_i p(c_i) \qquad (8-5)$$

式中：f 为成矿有利度；w_i 为第 i 个找矿标志的权系数；c_i 为第 i 个找矿标志；$p(c_i)$ 为第 i 个找矿标志出现的概率；n 为参加估计的找矿标志个数。

从 8－5 式可以看出，在成矿有利度法的数学表达式中，各找矿标志的权系数的确定是建模的关键。

表 8－10　地质变量矩阵

	0	1	2	3	4	5	6	7	8	9	10	11	12	13	14	15	16
0	1	1	1	1	1	1	1	1	1	1	1	1	1	0	1	0	0
1	1	1	1	1	0	1	1	1	1	0	0	1	1	1	1	0	0
2	1	1	1	1	1	1	1	1	1	1	1	1	1	0	1	0	0
3	1	1	1	1	1	1	1	1	1	1	0	1	1	0	1	1	0
4	1	1	1	1	1	1	0	1	1	1	1	1	1	0	1	0	0
5	0	0	0	1	0	0	0	1	0	1	1	1	1	0	0	0	1
6	1	1	0	1	1	0	1	1	1	1	1	0	1	1	0	0	0
7	1	1	1	0	1	1	1	1	1	0	0	1	1	1	1	0	0
8	0	1	1	1	0	1	1	1	0	0	0	0	1	0	1	1	1
9	1	1	0	1	1	0	0	1	1	1	1	1	1	1	0	0	0

变量权系数 w 可根据下列矩阵方程求得：

$$(\boldsymbol{CC}^{\mathrm{T}})w = \boldsymbol{\lambda}w \tag{8-6}$$

式中：$\boldsymbol{\lambda}$ 是 $(\boldsymbol{CC}^{\mathrm{T}})$ 的最大特征值，$\boldsymbol{C}$ 是 $m \times n$ 矩阵，代表 n 个地质变量在 m 个网格单元上的取值，$\boldsymbol{C}^{\mathrm{T}}$ 是 $\boldsymbol{C}$ 的转置矩阵。

变量的赋值，地质变量以二态赋值方式赋值，即预测单元内出现为 1，否则为 0，数值型变量则以实际数值归一化后赋值。地质变量型找矿预测标志出现的概率以统计方法估计，数值型找矿预测标志的概率以归一化数值替代。根据矩阵表 8－10，应用 10 个已知矿点组成的数据矩阵，采用 MATHCAD 数学软件就可以计算出权系数 w，代入成矿有利度公式。据此就可以确定找矿预测标志的权系数。然后将各找矿预测标志的权系数经正规化变换，使其和为 1。由此可建立都龙老君山找矿预测数学模型。其主要过程包括：

(1)建立地质变量矩阵 $\boldsymbol{C}$ 并求得转置矩阵 $\boldsymbol{C}^{\mathrm{T}}$(见表 8－11)；

(2)根据地质变量矩阵 $\boldsymbol{C}$ 和转置矩阵 $\boldsymbol{C}^{\mathrm{T}}$，加入中间变量 B；$B=(\boldsymbol{CC}^{\mathrm{T}})$，求得 $(\boldsymbol{CC}^{\mathrm{T}})$ 矩阵；

(3)调用 eigenval( ) 函数求得特征矩阵，再调用 max(eigenval( ), 0) 函数求得最大特征值 $\boldsymbol{\lambda}$；

(4)最后求得对应最大特征值 $\boldsymbol{\lambda}$ 的特征向量 eigenvec($\boldsymbol{B}$, $\boldsymbol{\lambda}$)，即权系数向量 $\boldsymbol{W}$。

(5)根据权系数向量 $\boldsymbol{W}$，结合成矿有利度公式(7－5)求得找矿预测数学模型表达式：

$f = 0.071044w_1 + 0.077199w_2 + 0.062067w_3 + 0.073352w_4 + 0.06258w_5 + 0.062067w_6 + 0.060272w_7 + 0.081816w_8 + 0.071044w_9 + 0.058733w_{10} +$

$0.048987w_{11}+0.067966w_{12}+0.081816w_{13}+0.032316w_{14}+0.062067w_{15}+0.015902w_{16}+0.010772w_{17}$

这样我们就可以计算出每个网格单元中的成矿有利度。

表 8－11　地质变量(CC^{T})矩阵

	0	1	2	3	4	5	6	7	8	9	10	11	12	13	14	15	16
0	8	8	6	7	7	6	6	8	8	6	5	7	8	4	6	1	0
1	8	9	7	8	7	7	7	9	8	6	5	7	9	4	7	2	1
2	6	7	7	6	5	7	6	7	6	4	3	6	7	2	7	2	1
3	7	8	6	9	6	6	6	9	7	7	6	7	9	3	6	2	2
4	7	7	5	6	7	5	5	7	7	6	5	6	7	3	5	1	0
5	6	7	7	6	5	7	6	7	6	4	3	6	7	2	7	2	1
6	6	7	6	6	5	6	7	7	6	4	3	5	7	3	6	2	1
7	8	9	7	9	7	7	7	10	8	7	6	8	10	4	7	2	2
8	8	8	6	7	7	6	6	8	8	6	5	7	8	4	6	1	0
9	6	6	4	7	6	4	4	7	6	7	6	6	7	2	4	1	1
10	5	5	3	6	5	3	3	6	5	6	6	5	6	2	3	0	1
11	7	7	6	7	6	6	5	8	7	6	5	8	8	3	6	1	1
12	8	9	7	9	7	7	7	10	8	7	6	8	10	4	7	2	2
13	4	4	2	3	3	2	3	4	4	2	2	3	4	4	2	0	0
14	6	7	7	6	5	7	6	7	6	4	3	6	7	2	7	2	1
15	1	2	2	2	1	2	2	2	1	1	0	1	2	0	2	2	1
16	0	1	1	2	0	1	1	2	0	1	1	1	2	0	1	1	2

2. 信息统计单元成矿有利度的确定

本次在都龙老君山研究区内共化分了 1680 个网格信息单元，将信息单元的成矿有利度值按 0.1 的值域划分为 9 个信息数据组，并分别统计每组数据的频率(见表 8－12)。根据表 8－12 绘制成矿有利度频率分布图(图 8－7)，从图上的频率分布点，可确定预测单元的找矿信息临界值为 0.6。在全区的 1680 个单元中，有 111 个单元的成矿有利度≥0.6，其中有 47 个单元为已知有矿单元[354－356]。

表 8－12　成矿有利度分级表

f	$f>0.8$	$0.8>f>0.7$	$0.7>f>0.6$	$0.6>f>0.5$	$0.5>f>0.4$	$0.4>f>0.3$	$0.3>f>0.2$	$0.2>f>0.1$	$0.1>f>0$
F	7	25	79	116	207	295	310	224	417

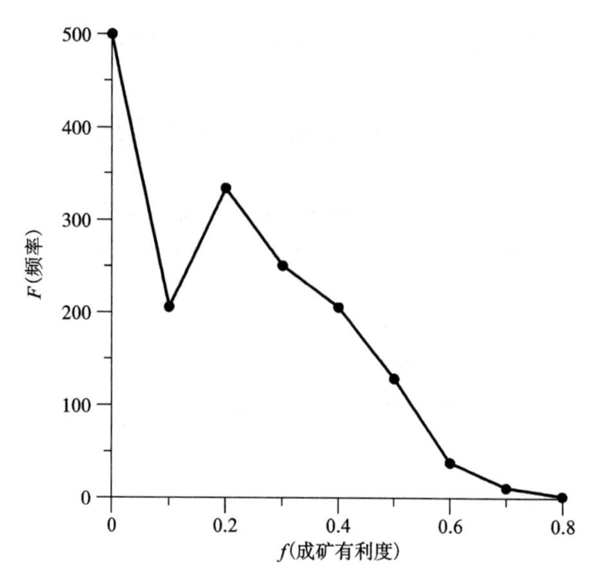

图 8-7 成矿有利度频率分布图

对信息统计单元成矿有利度数据进行多重分形研究，采用前面章节所讲的 $f-N$分形模型得出信息统计单元成矿有利度分形曲线(见图 8-8)。曲线连续性很好，从成矿有利来说，表明矿集区成矿也有很好的连续性，区内成矿条件优越。

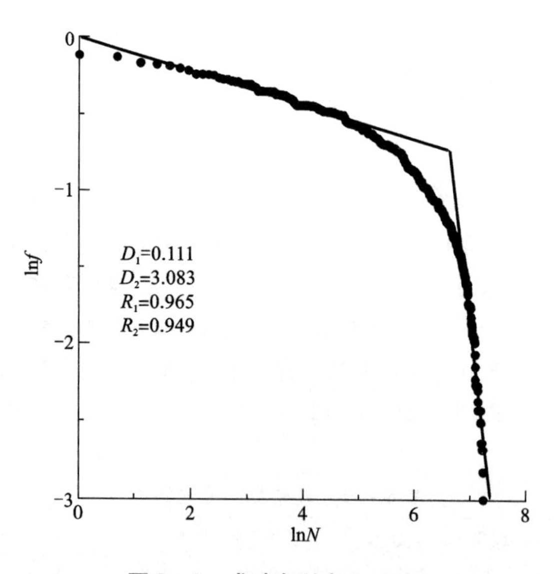

图 8-8 成矿有利度 $f-N$ 图

8.3　基于 BP 人工神经网络的成矿有利度评价

为了验证空间信息成矿预测模型所得到的成矿有利度是否与实际相符，这里我们引入 BP 人工神经网络对成矿有利区进行评价，如果经神经网络预测所得到的网格单元预测值与利用成矿有利度所计算的网格单元值相等或相近，则可认为用空间信息成矿预测模型对老君山矿集区的成矿预测结果是准确的。

8.3.1　人工神经网络评价模型的方法及原理

人工神经网络是由大量称为神经处理单元的自律要素以及这些自律要素相互作用形成的网络。它是在多年来对神经科学研究的基础上，经过一定的抽象、简化与模拟的人工信息处理模型。它反映了人脑功能的某些基本特征，但又不是人脑的真实写照，形成了一个具有高度非线性的大规模动力学系统。它具有如下的基本属性[357－362]：

(1)非线性：人工神经元可以表述为激活和抑制两种基本状态，这就是一种非线性关系。

(2)非局域性：人工神经网络系统是以人工神经元之间的相互作用表现信息的处理和存储能力。系统的整体行为不仅取决于单个神经元的状态，而且取决于它们之间的相互作用，用此来模拟大脑的非局域性。

(3)非凸性：是指人工神经网络的演化过程在满足一定条件下取决于某特定函数，而且该函数具有多个稳定点，这将导致在不同边界条件下得到不同的结果，这就是系统演变的多样性。

(4)非定常性：表现在人工神经网络具有自组织、自适应和自学习能力。

目前，神经网络技术作为一种非线性的优选方法，在分类、决策、数据处理及模式识别等领域中得到广泛的应用，它主要有以下三个方面的特点：

①具有从数据中学习的功能。在训练时，它能从数据中发现层次之间的微妙关系，而这种关系利用其他方法是很难发现和描述的。

②具有推广的功能。在训练时取得的微妙关系(即网络结构)可以推广到一般的数据，包括带误差的和不完全的实际数据上。

③神经网络实质上是一种从输入到输出的高度非线性映射。用人工神经网络来进行地质数据的多变量分析，不用考虑数学模型，神经网络就能表达出各变量间的非线性关系。因此，该方法对进行变量间的复杂关系分析非常有效。一些无法用具体模型描述的地质概念，利用神经网络模型处理就有可能取得比常规方法更好的效果。

神经网络的作用在于它提供了一种非线性静态映射，能以任意精度逼近任意给定的非线性关系，能够学习和适应未知不确定系统的动态特征，并将其隐含存储于网络内部的连接权中，需要时可通过信号的前馈处理，再现系统的动态特征。

多层前馈网络由输入层、输出层和至少一个隐含层组成，各层包含一个或多个神经元，相邻两层神经元之间通过可调权值连接，其信息由输入层依次向隐含层传递，直至输出层。每个神经元以加权和形式综合它的全部或部分输出，并根据非线性激活函数的形状产生相应的输出，如图 8 -9 所示。

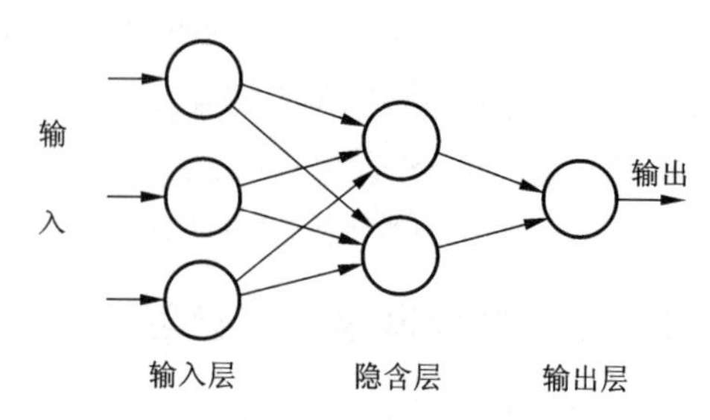

图 8 -9　BP 人工神经网络模型简图

BP 算法是基于多层前馈网络模型的一种有导师的学习算法，它包含正向传播和反向传播两个过程。在正向传播过程中，样本从输入层经过隐含单元层进行层层处理，各层神经单元的输出仅对下一层神经元的状态产生影响，直至输出层。若网络输出与其期望输出之间存在偏差，则进入反向传播过程。反向传播时，误差信号由原正向传播途径反向回转，并按误差函数的负梯度方向，对各层神经元的权系数进行修正，最终使期望的误差函数趋向最小[363, 369]。

8.3.2　BP 人工神经网络模型的数学描述及算法实现

BP 算法（Error Back Propagation）属于 δ 学习律，是一种有教师的学习算法[358]，给定一个网络的训练样本集$\{(x_p, y_p), x_p \in R^n, y_p \in R^m, p=1, 2, \cdots, p\}$，它通过输入 - 输出对以隐含形式定义了某种函数关系 $F: R^n \to R^m$，其具体表达式形式可能是未知的，但可利用人工神经网络所具有的任意逼近能力来表示这一未知的函数关系，即确定一个合适的模型结构并寻找一组适当的权值构成网络 $y = NN(x, w, \theta)$，使得如下的误差指标函数最小：

$$E = \frac{1}{2}\sum_{p=1}^{p}\sum_{i=1}^{NL}(t^p - y_j^p)^2 \tag{8-7}$$

式中：t^p 为期望输出值；y_j^p 为实际输出值；p 为训练样本量；NL 为输出层节点数。

这种网络的模型结构和权值是通过学习过程得到的。学习的过程实际上就是求解权值的过程，因为学习不一定要求十分精确，所以得到的是一组近似解。学习过程分为两个阶段：多层前馈阶段，即从输入层开始依次计算各层各节点的实际输入、输出；反向误差修正阶段，即根据输出层神经元的输出误差，沿路反向修正各连接权值，使误差减少。

多层前馈数学模型为：

$$\begin{cases} y_i^l = f(x_i^l) \\ x_i^l = \sum_{j=1}^{N_{l-1}} w_{ij}^l y_j^{l-1} + \theta_i^l (l = 1, 2, 3, \cdots, L) \end{cases} \tag{8-8}$$

式中：y_i^l 为第 l 层第 i 个节点的输出值；x_i^l 为第 l 层第 i 个节点的激活值；w_{ij}^l 为第 $l-1$ 层第 j 个节点到第 l 层第 I 个节点的连接权值；θ_i^l 为第 l 层第 i 个节点的阈值；N_l 为第 l 层节点数；L 为总层数 $f(\,)$ 为神经元激活函数。

在正向前馈过程中，依次按式(8－8)计算出各层的输入、输出，直到输出层，如果输出层神经元的输出误差不能满足精度要求，则进入误差的反向传播阶段。

误差的反向传播阶段采用梯度递降算法，即调整各层神经元之间的连接权值，使总的误差向减少的方向变化。其数学表达式为：

$$\Delta w_{ij} = -\eta \frac{\partial E}{\partial w_{ij}} (\eta \text{ 为学习率}) \tag{8-9}$$

则权值调整公式为：

$$w_{ij}(t+1) = w_{ij}(t) - \eta \frac{\partial E}{\partial w_{ij}} \tag{8-10}$$

对于输出层：

$$\frac{\partial E}{\partial w_{ij}} = -\sum_{p1=1}^{p} \frac{\partial E_{p1}}{\partial y_j^{p1}} \frac{\partial y_j^{p1}}{\partial x_j^{p1}} \frac{\partial x_j^{p1}}{\partial w_{ij}} = -\sum_{p1=1}^{p} (t^{p1} - y_j^{p1}) f'(x_j^{p1}) y_j^{p1} \tag{8-11}$$

如果映照函数为 Sigmoid 函数，即 $f(x) = \frac{1}{1+e^{-x}}$，则有：

$$f'(x_j) = f(x_j)(1 - f(x_j)) = y_j(1 - y_j) \tag{8-12}$$

将式(8－11)、式(8－12)式代入式(8－10)，得：

$$w_{ij}(t+1) = w_{ij}(t) + \eta \sum_{p1=1}^{p} \delta_{ij}^{p1} y_j^{p1} \tag{8-13}$$

其中误差信号

$$\delta_{ij}^{p1} = (t^{p1} - y_j^{p1}) y_j^{p1} (1 - y_j^{p1}) \tag{8-14}$$

对于隐含层，

$$\frac{\partial E}{\partial w_{ij}} = -\sum_{p1=1}^{p} \sum_{l=0}^{m-1} (t^{p1} - y_l^{p1}) \frac{\partial y_l^{p1}}{\partial y_j^{p1}} \frac{\partial y_j^{p1}}{\partial x_j^{p1}} \frac{\partial x_j^{p1}}{\partial x_i^{p1}} \frac{\partial x_i^{p1}}{\partial w_{ij}} = -\sum_{p1=1}^{p} \delta_{ij}^{p1} y_j^{p1} \tag{8-15}$$

将式(8－12)、式(8－15)代入式(8－10)，得：

$$w_{ij}(t+1) = w_{ij}(t) + \eta \sum_{p1=1}^{p} \delta_{ij}^{p1} y_j^{p1} \tag{8-16}$$

其中误差信号

$$\delta_{ij}^{p1} = y_j^{p1} (1 - y_j^{p1}) \sum_k \delta_{ik} w_{jk} \tag{8-17}$$

为了加速网络收敛和防止震荡，一般加入动量项 α，此时权值修正公式为：

$$w_{ij}(t+1) = w_{ij}(t) + \eta \sum_{p1=1}^{p} \delta_{ij}^{p1} y_j^{p1} \tag{8-18}$$

BP算法实现步骤(见图8-10):

a.初始化:确定网络结构、节点数、输入层神经元初值、α、η、权值、阀值、精度要求等;

b.给定输入样本和期望输出值;

c.按式(8-8)依次计算各隐含层的实际输入、输出值,直至计算出输出层各神经元实际输出;

d.按式(8-7)计算输出层误差,按式(8-14)、式(8-17)、式(8-18)式从输出层开始,将误差信号沿连接通路反向传播到第一隐含层,同时计算修正权值;

e.判断各神经元输出是否达到精度要求,若是,学习过程结束,否则返回第二步,直到达到精度要求。

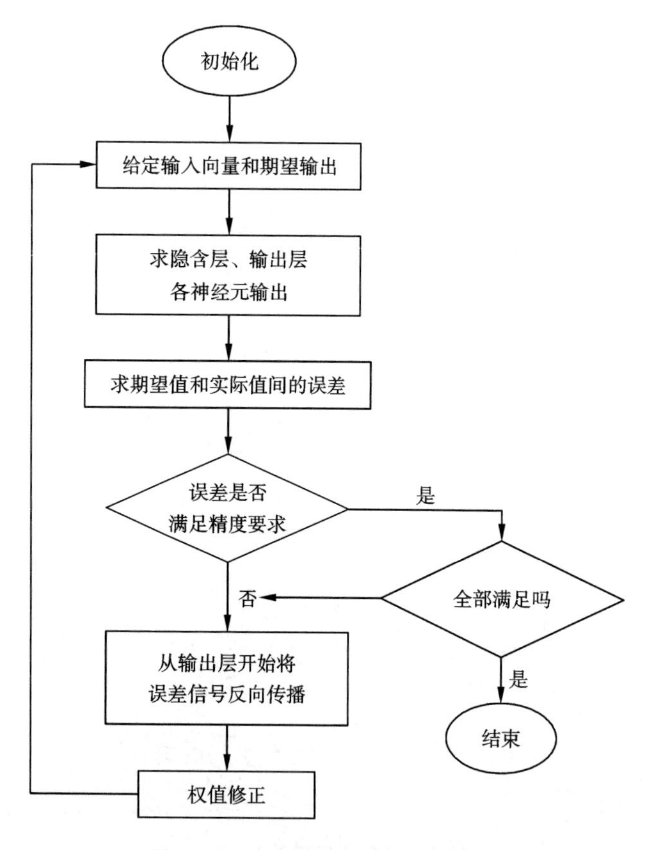

图8-10　BP神经网络算法流程图

8.3.3　基于 BP 人工神经网络的成矿有利区评价

1. 评价单元的划分

评价单元的划分是矿产资源评价过程中最关键的一个环节，其目的是为了确定地质变量的观测尺度和取值范围，提高评价结果的准确性，而单元类型和大小，直接影响资源评价的效果。评价单元划分得太小，则明显地扩大了无矿单元和单一控矿单元的数目，增加评价的工作量，不利于成矿有利区评价模型的建立，而评价单元划分得太大，则歪曲了实际有矿单元的分布形态，使误判有矿的地区面积增大，不利于找矿工作的进行，并使评价的靶区可信度降低。因此，确定最佳评价单元必须结合实际情况和采用的评价模型。利用 BP 神经网络评价模型的目的是对前面建立的模型进行评价，所以评价单元的划分与前面信息统计单元的划分一致，同样采用规则单元划分法对评价区进行划分，得到1680 个评价单元[370-373]。

2. 评价地质变量的选取

如前所述，在这里我们同样选择空间信息成矿预测模型中的地质变量作为评价的变量，即：岩体、矽卡岩、绿片岩、北东向断裂、北西向断裂、东西向断裂、南北向断裂、构造交汇部位、岩体与围岩接触带、遥感硅化蚀变、遥感铁化蚀变、遥感泥化蚀变、遥感构造解译、$\epsilon_1 ch$、$\epsilon_2 t$、$\epsilon_2 l$、$\epsilon_3 x$。

3. BP 人工神经网络模型的结构设计

以上述 17 个地质变量作为整个网络的输入层神经元。根据映射定理，给定一个任意小的正数 $\varepsilon > 0$，一个连续函数矢量 h，其矢量中的每个元满足：$\int[0,1]^n |h_i(x)|^2 dx$ 存在，h：$[0,1]^n \subset R^n \rightarrow R^m$，必定存在一个三层 B－P 神经网络来逼近函数 h，使逼近误差在 ε 之内。因此，本书选用一个三层(即只含一个隐含层)的 BP 人工神经网络来实现成矿有利区的评价[374-377]。

在 BP 神经网络模型中，隐含层单元数的确定是一个十分复杂的问题，Eberhart 称之为“这是一门艺术”，因为没有很好的解析式可以表示。但隐含单元数与问题的要求以及输入输出单元的多少都有直接的关系。对于网络来说，隐含单元数太少，网络可能训练不出来，或者网络不够“强壮”，容错性或推广性差，太多又使学习时间太长，误差也不一定最佳。为此，有些文献提出一些参考公式，本书参考公式(8－19)确定一个最初隐含层单元数，在网络学习过程中根据学习情况动态调整隐含层单元数目。

$$n_1 = \sqrt{n+m} + a \quad (a = 1 \sim 15) \tag{8-19}$$

式中：n_1 为隐含层单元数；n 为输入层单元数；m 为输出层单元数；以评价预测值作为整个网络的输出。

综上所述，基于BP人工神经网络的成矿有利区评价模型为只含一个隐含层的三层BP神经网络模型。以前面所述的17个评价地质变量作为输入神经元，以评价预测值作为输出神经元。

在划分出1680个评价单元中，选取其中10个已知矿点单元作为学习、训练的样本。将其输入上述所建立的BP人工神经网络模型中学习，经过5000次的迭代，网络收敛，其实际值与输出值如表8－13所示。

表8－13　BP人工神经网络学习和评价样本数据表

预测单元号	c_1	c_2	c_3	c_4	c_5	c_6	c_7	c_8	c_9	c_{10}	c_{11}	c_{12}	c_{13}	c_{14}	c_{15}	c_{16}	c_{17}	实际值	输出值
兴发	1	1	1	1	1	1	1	1	1	1	1	1	1	0	1	1	0	0.957	0.9503
曼家寨	1	1	1	1	0	1	1	1	1	0	0	1	1	1	1	0	0	0.802	0.7987
铜街	1	1	1	1	1	1	1	1	1	1	1	1	1	0	1	1	0	0.957	0.9567
新寨	1	1	1	1	1	1	1	1	1	1	0	1	1	0	1	1	0	0.908	0.9013
老寨	1	1	1	1	1	1	0	1	1	1	1	1	1	0	1	0	0	0.881	0.9034
坝脚	0	0	0	1	0	0	0	1	0	1	1	1	1	0	0	0	1	0.423	0.5355
南秧田	1	1	0	1	0	0	1	1	0	1	1	0	1	1	0	0	0	0.584	0.5367
辣子寨	1	1	1	0	1	1	1	1	1	0	0	1	1	1	1	0	0	0.791	0.764
铜厂坡	0	1	1	1	0	1	1	1	0	0	0	0	1	0	1	1	1	0.586	0.3434
茶叶山	1	1	0	1	1	0	0	1	1	1	1	1	1	1	0	0	0	0.726	0.5678

4. 变量赋值及评价

神经网络是一种从输入到输出的高度非线性映射，用人工神经网络来进行地质数据的多变量分析，不用考虑数学模型，它能隐式表达出各变量间的非线性关系。在对矿床的地质概念模型研究中，只能定性地研究出矿体的形成与定位受哪些地质因素的制约，而这些地质因素在矿体的形成与定位过程中究竟起了多大的作用则是地质概念模型研究不能达到的。而人工神经网络的高度非线性映射功能恰好能解决这一难题，它只需要知道这些地质因素的有无，通过已知样本的学习训练，调整神经元之间的连接权值，即能模拟出这一多因素的耦合作用过程。因此，在人工神经网络模型中，定性变量只需要以二态赋值的方式来表示变量的有无即可[378－381]。据此，BP人工神经网络的评价模型中输入层地质变量的赋值方式为：二态赋值法，即预测单元内存在赋1，不存在赋0。

从表8－13中可以看出，网络学习效果很好，样本输出的结果与实际值也相符，所以输出满足评价要求，表明利用BP神经网络进行成矿有利区评价是可行的，从而也说明空间信息成矿预测模型得到的成矿有利度是正确的，成矿预测区的划分也是合理的。

8.4　矿床空间信息成矿预测模型的实现

预测成果输出有两种，数据输出和图形输出。数据输出是利用预测模型在数学软件 MATHCAD 中计算后将预测结果写入到属性数据表中，通过查找数据表即可得到。再利用生成的信息单元数据成图（见图 8 - 11）。

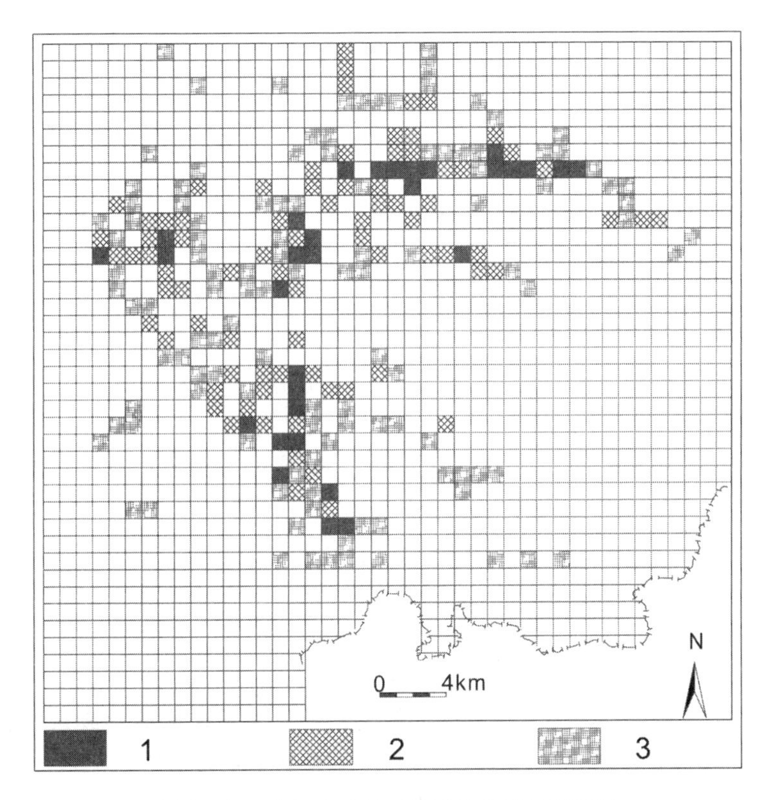

图 8 - 11　老君山矿集区找矿信息统计预测图

1—A 级预测单元；2—B 级预测单元；3—C 级预测单元

在综合分析成矿条件、成矿机制基础上，依据成矿规律和找矿标志圈定异常单元[382]。按成矿有利度 0.5、0.6 和 0.7 为异常分界点，对找预测单元进行了分级，预测单元可分为 3 级，即 A 级、B 级和 C 级，其中 A 级预测单元($f>0.7$)为成矿条件最有利，找矿标志明显，并具有寻找大型多金属矿床的潜力；B 级预测单元($0.7\geqslant f>0.6$)为成矿条件比较有利，找矿标志较明显，具有寻找中型多金属矿床的潜力；C 级预测单元($0.6 \geqslant f > 0.5$)为成矿条件较一般，但仍有成矿可能，具有寻找小型多金属矿床的潜力。

8.5 老君山矿集区找矿预测综合评价

就老君山矿集区而言，仍然有大量有利的找矿远景空间有待深入工作，有相当部分矿山资源潜力仍然较大。这主要表现在以下几方面：

(1)有利的成矿背景是扩大资源量的前提

云南老君山锡锌多金属矿集区，是滇东南锡矿带上最重要的锡矿集区之一，属于我国著名的南岭纬向成矿带的西延部分[263]。其大地构造位置位于东南地洼区、云贵地洼区、中蒙南北地洼区及滇西地洼区的交汇部位，属于中亚壳体与东亚壳体的过渡地带[62, 264]。

(2)隐伏花岗岩分布面积大，找矿远景很好

从上文卫星遥感图像解译结果上看，老君山矿集区环形影像构造明显，大小规模不一。据矿区勘探资料显示，这些环形影像构造与区域重力剩余负异常及局部重力低范围重合，老君山矿集区几乎以老君山为中心显示出两个巨大的复式环形影像构造(一级环)，直径约 15 ~ 30 km；大环内包含多个直径分别约为 5 km、10 km 的次级环形构造(二级环)，以及多个成群分布、规模不等的更次一级的小型的环形构造(三级环)。东西两个一级环形构造分别涵盖了老君山东区的老君山复式背斜和片麻岩区以及麻栗坡向斜，且二者有部分重合。隐伏岩体上部田蓬组等地层将是矿床赋存的有利空间。

(3) 矿集区地质构造组合对成矿十分有利

矿集区中各种不同方向、不同类型的构造发育。而不同期次，不同方向构造交汇部位最有利于矿床的形成，如矿集区老君山东部矿田范围内各种方向的断裂、褶皱构造发育并形成有利成矿的构造组合型式。

结合前文的研究结果，从上述找矿潜力及不同类型矿床的形成条件、定位规律以及控矿因素等方面分析，对成矿条件和找矿标志的综合评价见表 8 - 14。

表 8 - 14 老君山矿集区预测单元目标评价表

位置	成矿条件与找矿标志综合评价
马关县东北部，面积 5 km^2	该区位于马关 - 都龙断裂与古沉积海盆边缘交汇部位，并处于长英岩侵入部位；区内分布有北西向断裂、北东向断裂及次级北西西断裂，并形成多处构造交汇；本区亦处于新发梁背斜南段；出露地层为田蓬组地层；遥感解译显示区内分布有铁化和泥化蚀变异常，其中有部分蚀变叠加区。本区找矿目标是中型铜锡多金属矿床

续表 8 – 14

位置	成矿条件与找矿标志综合评价
都龙镇周边，面积约 15 km^2	该区处于老君山西南隐伏岩体与古沉积海盆中心部位，并处于花岗斑岩侵入部位；区内分布有北西向断裂、南北向断裂、北东向断裂及次级断裂；本区变质作用强烈，出露地层为田蓬组和龙哈组地层；遥感解译显示区内分布有铁化和泥化蚀变异常，蚀变叠加明显。本区找矿目标是田蓬组变质岩地层内构造交汇部位（超）大型钨锡锌多金属矿床
小麻栗坡周围，面积约 6 km^2	该区位于小麻栗坡向斜南段与南温河断裂西段交汇部位，并处于老君山岩体西边；区内分布东西向断裂、近南北向断裂及次级小断裂，并有零星岩株出入；遥感解译显示区内分布有铁化和泥化蚀变异常；本区找矿目标是中小型锡铅锌多金属矿床
新寨及其东侧，面积约 15 km^2	该区处于铜厂坡南段与老君山岩体北边及其东沿部位；区内分布北东向断裂、北西向断裂及次级断裂；遥感解译显示区内分布有铁化、泥化和硅化蚀变异常，相互叠加面积达 15 km^2。本区找矿目标是田蓬组地层内构造交汇部位（超）大型锡钨铜多金属矿床
南秧田周边，面积约 3 km^2	该区处于老君山岩体东边龙哈组地层与构造交汇部位，区内分布北东向断裂、北西向断裂及次级小断裂，亦存在隐伏岩体；遥感解译显示区内分布有铁化和泥化蚀变异常。本区找矿目标是龙哈组地层与构造交汇部位中型钨锡多金属矿床

第9章　结论与讨论

9.1　结论

本书以都龙老君山矿集区区域成矿背景、研究领域的最新进展和老君山锡锌矿研究中存在的问题为切入点，引入多因复成、多重分形、信息统计、成矿有利度等概念，应用岩石学、矿物学、岩石地球化学、构造地球化学、微量元素地球化学、稀土元素地球化学、同位素地质学、遥感地质学以及分形几何学、BP人工神经网络等多学科知识与现代地学前沿理论，对老君山成矿地质条件，矿床稳定同位素、稀土、微量元素及包裹体成分特征，矿床成矿系列，矿床多因复成成矿机制及成矿演化模式以及数字矿床空间信息成矿预测进行了深入研究。本书的主要结论为：

(1)通过对矿集区内各种构造交汇格局、构造形迹配套及构造发育特征的研究，全面系统地分析了不同构造演化阶段及构造体系的发展、演化特征，认为老君山穹隆、文山－麻栗坡断裂及马关－都龙断裂最为重要，对该区成岩及成矿作用具明显控制作用。

(2)在因子分析、聚类分析的基础上，应用多重分形方法对老君山矿集区17个微量元素进行分形统计，根据分维值 b_2 的大小，可以把元素分为三类。从分形曲线的拐点和间断性判断矿区存在多期次成矿活动。

(3)在详细研究矿床的同生与后生特征的基础上，通过与国内外同类矿床的对比分析，并按成矿演化的时、空分布特征以及矿床的主导成矿作用，将老君山矿集区内矿床系统地划分为三大成矿类型：①喷流沉积－变质改造－岩浆热液叠加富集型；②高温岩浆热液类型；③燕山晚期中低温热液型。突破了传统的“唯花岗岩成锡”的观点，拓宽了找矿思路。

(4)从成矿系列研究出发，依据原岩恢复结果、矿床成因及矿物组合特征，将老君山矿集区内所有矿化类型进行了重新分类，划分出七种与成矿类型相联系的矿床，即：层状锡石－硫化物矿床；层状锡多金属矿床；层状钨多金属矿床；长英岩脉型锡钨矿床；长英岩型锡钨矿床；石英脉型锡钨矿床、似层状铅锌矿床。并对各种类型矿床成矿地质条件、成矿作用、控矿规律以及地球化学特征等进行了详细的研究。

(5)将矿床成矿作用与壳体大地构造(递进)演化－运动相联系，详细阐述了老君山矿床成矿的多大地构造演化阶段、多成矿物质来源、多控矿因素、多成矿方式以及多种成矿作用的特点。建立了完整的矿床多因复成成矿(递进)演化综合模式，分析了矿床多因复成成矿作用的内在机制。

(6)应用遥感信息提取技术对老君山地区进行遥感信息解译和矿化蚀变信息提取，进一步分析了老君山矿集区遥感信息成矿特点以及构造与蚀变的分形特征，并将其与其他地区线性构造对比，认为老君山矿集区断裂分形结构偏于复杂，活动性偏强，成矿更为复杂。

(7)利用空间分析方法和信息统计单元方法对老君山矿集区进行了数字矿床空间信息成矿预测模型的研究。研究得到了每个网格信息单元的成矿有利度，按成矿有利度(f)0.5、0.6 和0.7 为异常分界点，对找预测单元进行了分级，预测单元可分为3级，即A级、B级和C级，其中A级预测单元($f>0.7$)为成矿条件最有利，找矿标志明显，并具有寻找大型多金属矿床的潜力；B级预测单元($0.7\geqslant f>0.6$)为成矿条件比较有利，找矿标志较明显，具有寻找中型多金属矿床的潜力；C级预测单元($0.6\geqslant f>0.5$)为成矿条件较一般，但仍有成矿可能，具有寻找小型多金属矿床的潜力。

(8)引入BP人工神经网络对成矿有利区进行评价检验，矿床空间信息成矿预测模型的有效性。评价模型反演结果发现网络学习效果好，输出的值与期望的值满足评价要求，表明利用BP神经网络进行成矿有利区评价是可行的，从而也说明本次空间信息找矿预测模型得到的成矿有利度是正确的，找矿预测单元的划分也是合理的，并在此基础上进行了老君山矿集区找矿预测综合评价。

9.2 讨论

本次研究虽然应用的方法和理论较多，阐明的观点和认识也较为丰富。但因为研究区域范围比较广，再加上老君山锌本身成矿的复杂性和独特性、以及时间和水平能力有限，本书工作中仍有很多不足之处，有待进一步提高和改进：

(1)在岩矿地球化学方面，由于老君山矿集区矿化类型的多样性和矿床成因的复杂性，目前所积累的有关成矿流体的测试数据尚无法达到对老君山矿集区多因复成成矿历史的全面的、真实的揭露，有关成矿流体地球化学方面的研究仍有待深化。

(2)由于数据资料的限制，本次研究所建立的找矿预测模型尽管地质变量得到了客观上的量化处理，但仍然为多元线性数学模型。这主要是由于在已有的物化探工作区内已知有矿体产出的预测单元相对太少，很难建立基于BP神经网络的非线性预测模型。

(3)信息统计单元划分是网格化的，我们在收集数据和野外调研时不可能针对每个单元进行详细考察，也使模型的最终输出与实际情况有一些出入，这也是我们下一步需要解决的问题，但本次研究总体上与矿区实际情况还是有比较高的吻合度。

(4)空间信息成矿预测模型方面：GIS 在地质找矿方面的应用越来越广泛和快速，对于如何完善模型信息单元的划分、统计、变量的赋值，以及最后评价方式的选择都需要做更深入的研究。今后应加强三维空间上的地质研究，将各种控矿因素在三维空间上的分布特征研究清楚，以便实现三维空间上的大比例尺成矿预测。

图　版

图版Ⅰ

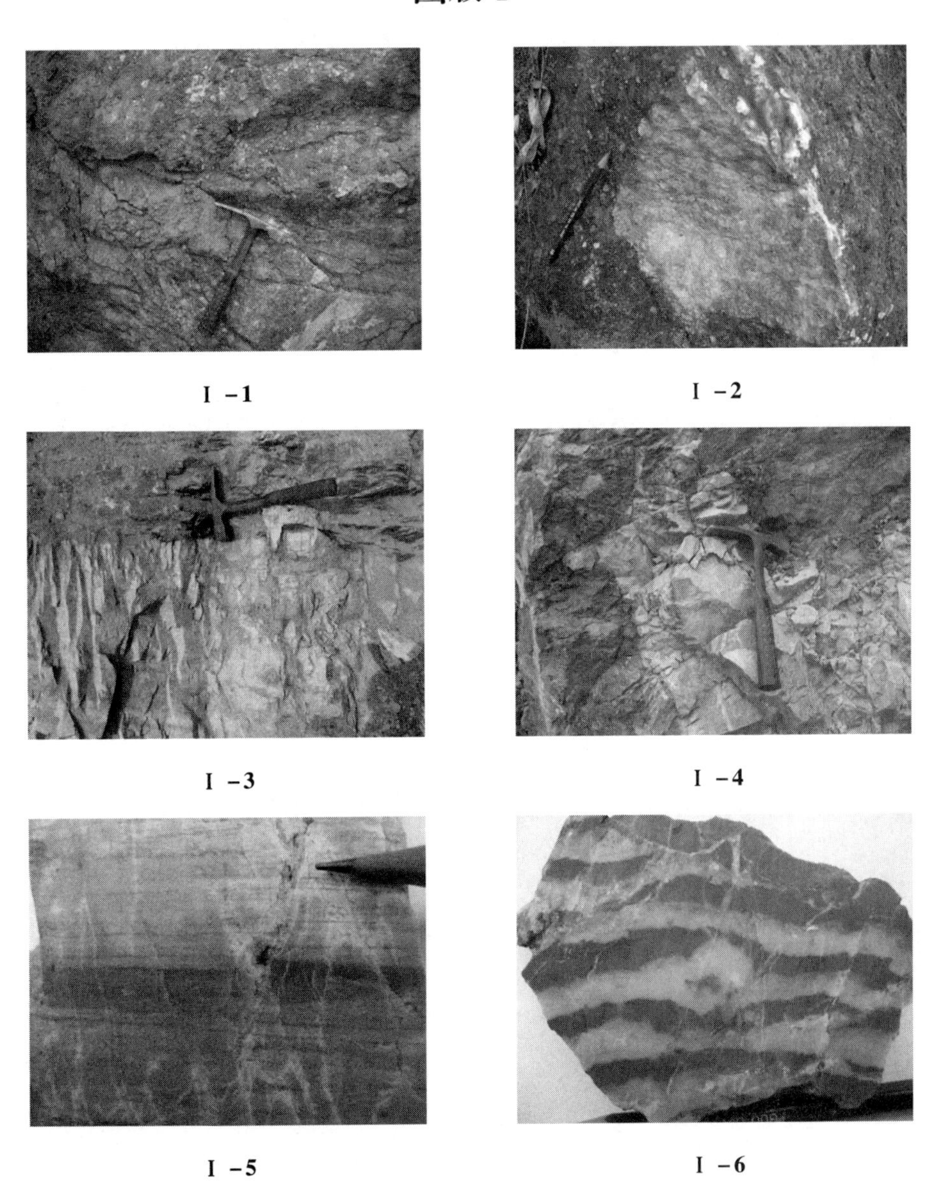

Ⅰ-1　Ⅰ-2

Ⅰ-3　Ⅰ-4

Ⅰ-5　Ⅰ-6

Ⅰ-7

Ⅰ-8

图版Ⅱ

Ⅱ-1

Ⅱ-2

Ⅱ-3

Ⅱ-4

Ⅱ-5

Ⅱ-6

Ⅱ-7

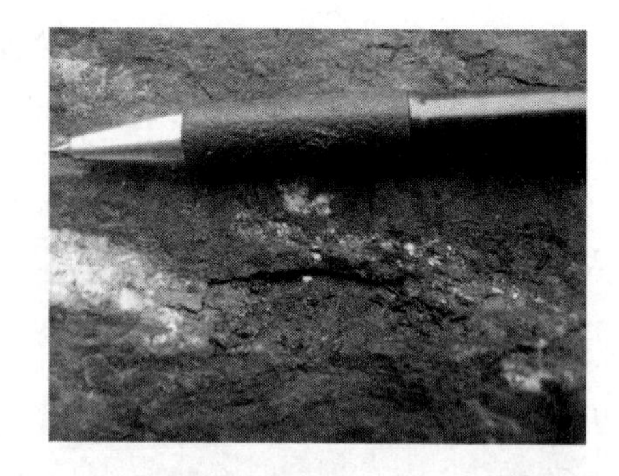

Ⅱ-8

图版Ⅲ

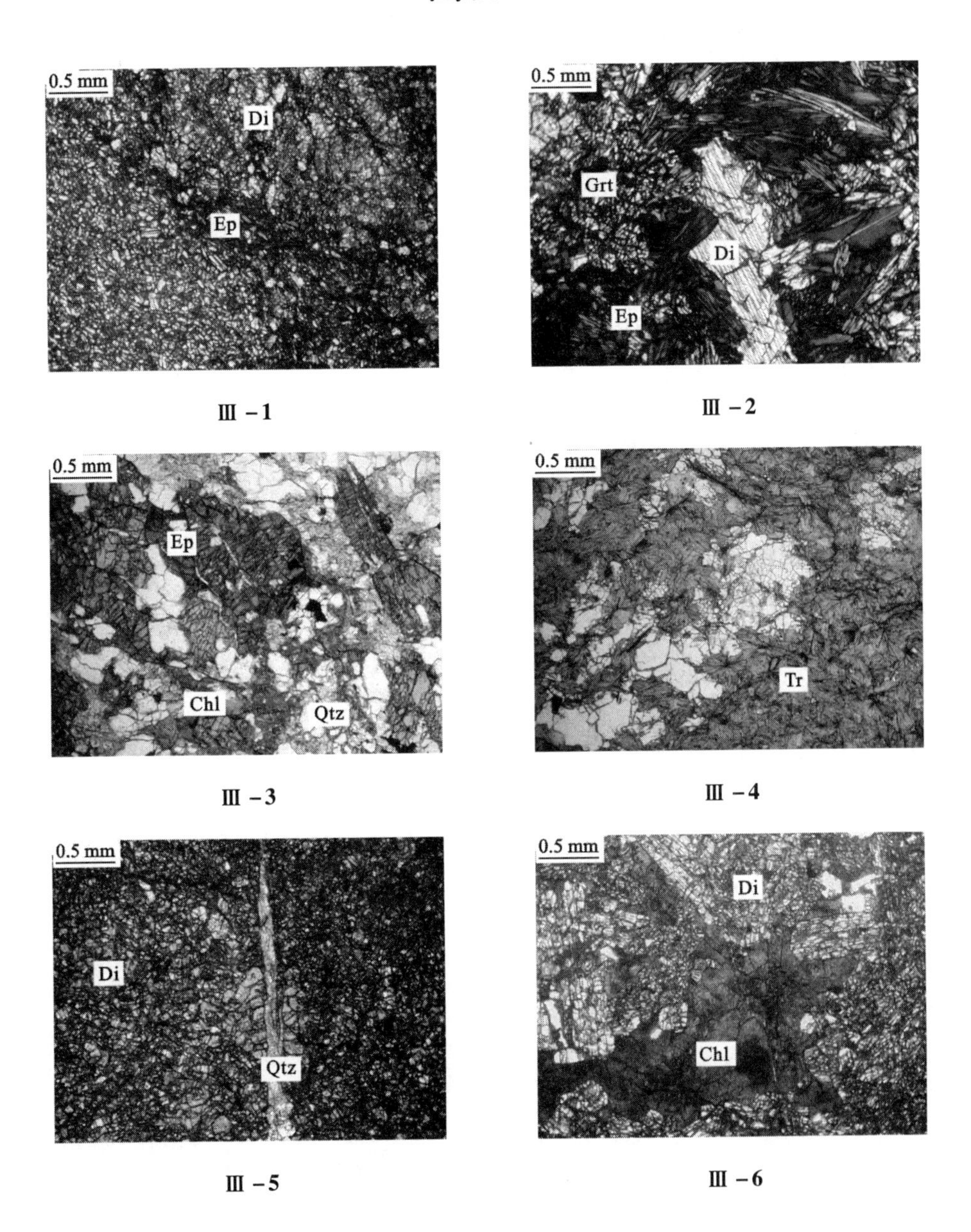

Ⅲ－1

Ⅲ－2

Ⅲ－3

Ⅲ－4

Ⅲ－5

Ⅲ－6

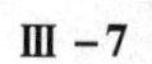
Ⅲ-7

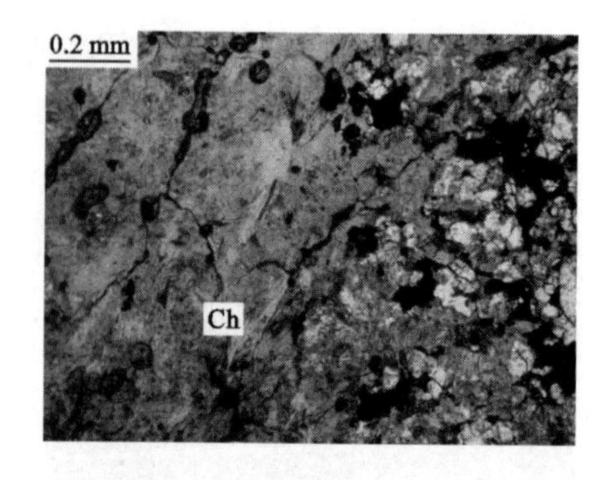

Ⅲ-8

图版Ⅲ矿物缩写说明：Di—透辉石；Ep—绿帘石；Grt—石榴石；Tr—透闪石；Chl—绿泥石；Qtz—石英

图版Ⅳ

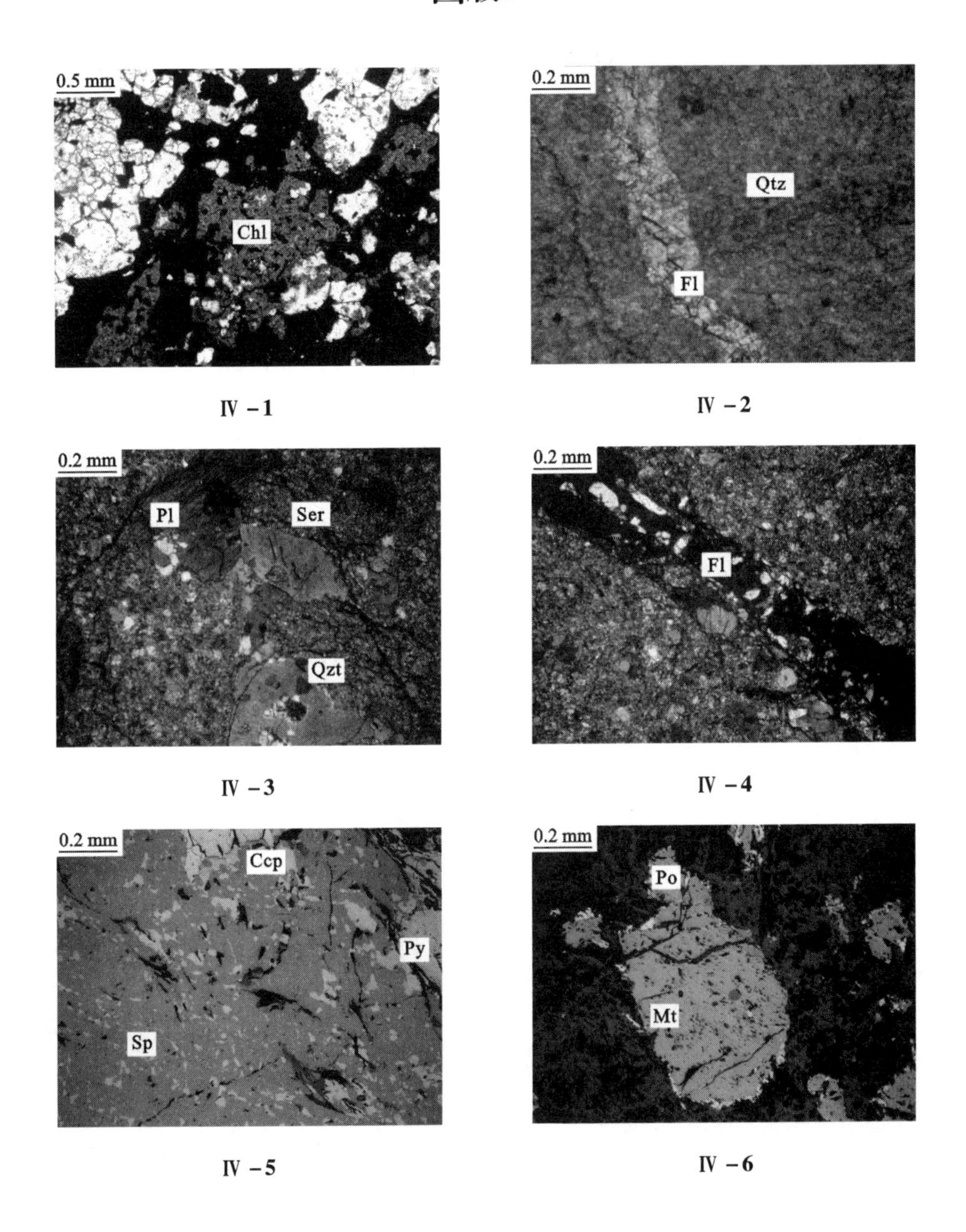

Ⅳ -1

Ⅳ -2

Ⅳ -3

Ⅳ -4

Ⅳ -5

Ⅳ -6

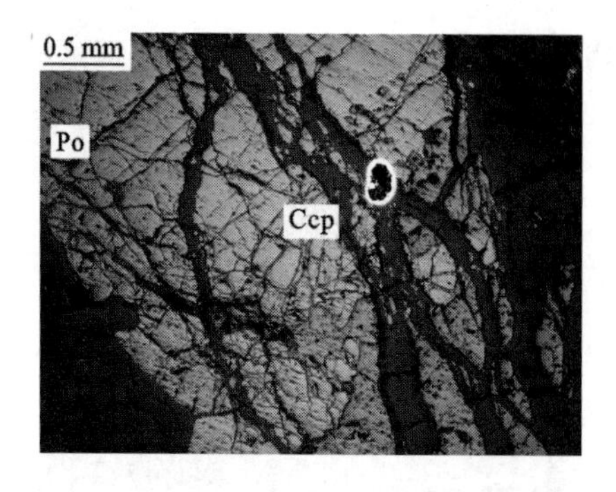

Ⅳ-7

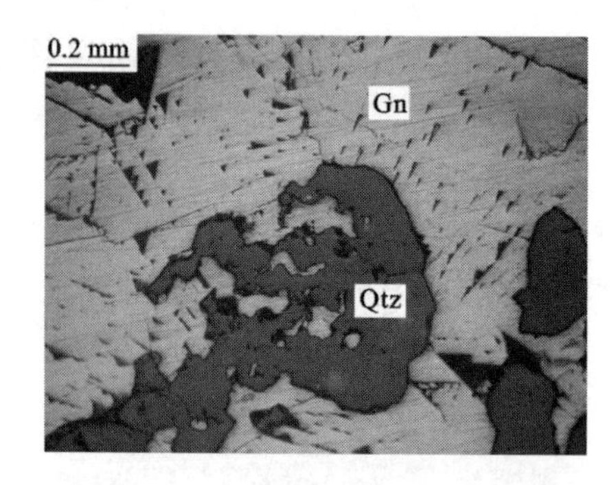

Ⅳ-8

图版Ⅳ矿物缩写说明：Chl—绿泥石；Qtz—石英；Fl—萤石；Pl—斜长石；Ser—绢云母；Ccp—黄铜矿；Sp—闪锌矿；Gn—方铅矿；Py—黄铁矿；Po—磁黄铁矿；Mt—磁铁矿

图版说明

图版Ⅰ－1：角砾状灰岩，见于Ⅰ号剖面97号测点，角砾和胶结物均为灰岩成分，胶结物致密坚硬，属同生角砾状灰岩，是马关－都龙断裂带同生活动的主要证据之一。

图版Ⅰ－2：角砾状灰岩，见于铜街露天采场，角砾和胶结物均为灰岩成分，胶结物致密坚硬，为同生沉积的产物，局部见后生硫化物裂隙脉穿插其中。

图版Ⅰ－3：纹层状硅质岩，见于曼家寨露采场，硅质岩厚度20～50 cm，夹于云母片岩中，顺层发育纹层状构造。硅质岩呈白色带浅绿色调，半透明，石英含量占90%以上。该纹层状硅质岩是同生热水沉积活动的主要证据之一。

图版Ⅰ－4：硅质岩，见于铜街露采场，厚度1～2 m，沿硅质岩中的穿层裂隙充填有后生矽卡岩脉和浅紫色萤石细脉。硅质岩呈白色带浅绿色调，半透明，石英含量占90%以上。

图版Ⅰ－5：纹层状硅质岩，手标本，采于曼家寨露采场。沿硅质岩中的穿层裂隙充填有后生的浅紫色萤石细脉。

图版Ⅰ－6：条带状硅质岩，见于坝脚铅矿，暗色条带由微细粒石英组成，保留有较多的沉积成岩特征，浅色条带由透明白色石英组成，具有后生改造特征。沿穿层裂隙脉发育方铅矿化。

图版Ⅰ－7：丘状矿体，见于曼家寨露采场，矿体两侧围岩产状顺穹丘形态变化并与穹丘顶板产状一致，是同生沉积成矿的证据之一。

图版Ⅰ－8：顺层条带状构造，见于曼家寨露采场，金属矿物集合体之间及金属矿物集合体与脉石矿物集合体间呈顺层条带状相间分布。这种现象在整个老君山矿集区都非常多见。

图版Ⅱ－1：透辉石矽卡岩，见于曼家寨露采场，透辉石粗晶呈放射状和束状集合体产出，具有典型的后生成因特点。

图版Ⅱ－2：片麻岩中的陡倾斜细脉状矿化，见于Ⅰ号剖面57号点，片麻岩呈细条纹状，矿化细脉宽1－3 cm，主要矿物为石英、毒砂、黄铁矿和黄铜矿，金属矿物呈浸染状和团包状分布于石英脉中。

图版Ⅱ－3：条纹状片麻岩，见于Ⅰ号剖面50号测点，斜长石和黑云母呈条纹状相间分布。

图版Ⅱ－4：眼球状片麻岩，见于麻栗坡县，片麻岩内的眼球体主要为斜长石。

图版Ⅱ－5：花岗斑岩接触带矿化，见于铜街露采场，花岗斑岩沿F1断层产出，与地层和矿体呈断裂接触。

图版Ⅱ-6：花岗斑岩内的细脉状矿化，见于铜街露采场，花岗斑岩中发育绢云母化蚀变，矿化细脉的主要矿物成分为黄铁矿和铁闪锌矿。

图版Ⅱ-7：层状矽卡岩露头，见于麻栗坡县，矽卡岩呈暗绿色、致密坚硬，主要矿物成分为细粒状透辉石和绿帘石，局部发育石榴石。

图版Ⅱ-8：矽卡岩中的细脉状矿化，见于麻栗坡县，细脉为不规则状，宽约0.5~2 cm，细脉的主要金属矿物为毒砂、黄铁矿和黄铜矿，脉石矿物主要为方解石和石英。

图版Ⅲ-1：细粒状透辉石矽卡岩。薄片，单偏光。样品采于麻栗坡县层状矽卡岩。主要矿物透辉石呈细粒状，含量约85%，次为绿帘石，沿裂隙交代透辉石。

图版Ⅲ-2：粗粒状透辉石-绿帘石-石榴石矽卡岩。薄片，单偏光。样品采于麻栗坡县层状矽卡岩。矽卡岩矿物颗粒粗大，局部见有层状矽卡岩。

图版Ⅲ-3：绿帘石-绿泥石矽卡岩。薄片，单偏光。样品采于麻栗坡县南秧田钨矿。绿帘石和绿泥石沿裂隙和晶隙交代石英等早期矿物，具后生成因特点。

图版Ⅲ-4：透闪石矽卡岩。薄片，单偏光。样品采于曼家寨露采场。透闪石多呈放射状和扇状集合体产出，交代早期形成的石英，多为后生产物。

图版Ⅲ-5：透辉石矽卡岩。薄片，正交偏光。样品采于铜街露采场。透辉石为细粒状，含量占90%以上。透辉石矽卡岩是老君山矿集区层状矽卡岩的主要类型。

图版Ⅲ-6：透辉石-绿泥石矽卡岩。薄片，单偏光。样品采于曼家寨露采场。绿泥石多为晚期矽卡岩阶段交代早矽卡岩阶段形成的透辉石的产物。

图版Ⅲ-7：透辉石-绿帘石矽卡岩。薄片，单偏光。样品采于曼家寨露采场。绿帘石一般为交代产物，常沿裂隙交代透辉石，矽卡岩矿物晶隙又被更晚形成的萤石充填。

图版Ⅲ-8：绿泥石矽卡岩。薄片，单偏光。样品采于曼家寨露采场。绿泥石含量达70%以上，多见于矿体附近蚀变岩中。

图版Ⅳ-1：矿石中的绿泥石。薄片，单偏光。样品采于曼家寨露采场。绿泥石是矿石中常见的脉石矿物，其光性特征与围岩中的绿泥石明显不同。

图版Ⅳ-2：硅质岩中的萤石细脉。薄片，单偏光。样品采于铜街露采场。萤石细脉多沿穿层裂隙分布，属后生成因。

图版Ⅳ-3：花岗斑岩。薄片，正交偏光。样品采于铜街露采场。主要斑晶为斜长石，次为石英，斜长石斑晶多有不同程度的绢云母化蚀变，石英斑晶常有熔蚀现象。

图版Ⅳ-4：花岗斑岩中的萤石细脉。薄片，正交偏光。样品采于铜街露采场。萤石细脉是后生成矿的典型标志之一。

图版Ⅳ-5：矿石中的乳滴状构造。光片。样品采于曼家寨露采场。铁闪锌矿晶体中发育有大量乳滴状黄铜矿和磁黄铁矿微粒。这种现象在老君山地区主要矿床中十分多见。

图版Ⅳ-6：环边状构造。光片。样品采于曼家寨露采场。形成较早的磁铁矿晶体周围被形成较晚的磁黄铁矿环绕。

图版Ⅳ-7：细脉穿插和交代构造。光片。样品采于Ⅲ号剖面47号测点，为老寨矿区范围，矿石中主要金属矿物为黄铁矿、毒砂、磁黄铁矿、铁闪锌矿、黄铜矿等，主要脉石矿物为石英、方解石。光片中黄铜矿细脉穿插交代磁黄铁矿，两者又被晚阶段形成的碳酸盐细脉穿切。

图版Ⅳ-8：交代构造。光片。样品采于坝脚铅矿，矿石中主要金属矿物为方铅矿，主要脉石矿物为石英，石英交代方铅矿现象明显。

参考文献

[1] 云南省地质矿产局. 云南省区域地质志[M]. 北京：地质出版社，1990.

[2] 忻建刚，袁奎荣. 云南都龙隐伏花岗岩的特征及其或矿作用[J]. 桂林冶金地质学院学报，1993，13(2)：121－129

[3] 官容生. 滇东南构造岩浆带花岗岩体的含矿性探讨[J]. 矿物岩石. 1991，11(1)：92－101.

[4] 官容生. 滇东南地区各主要花岗岩体基本特征及相互关系[J]. 云南地质，1993，12(04)：373－382.

[5] 薛步高. 含锡花岗岩外带的银铅多金属矿床地质特征[J]. 矿产与地质，1995，9(6)：499－503.

[6] 陈吉深，施琳，谢蕴宏. 云南S型和I型两类花岗岩划分对比的初步探讨[J]. 云南地质，1983，2(1)：28－37.

[7] 杨世瑜，颜以彬. 云南的锡矿床与花岗岩类在时空分布上的关系[J]. 云南地质，1994，13(2)：149－157.

[8] 曾志刚，李朝阳，刘玉平，等. 老君山成矿区变质成因矽卡岩的地质地球化学特征[J]. 矿物学报，1999，3，19(1)：48－55.

[9] 刘玉平，李朝阳，刘家军. 都龙矿床含矿层状矽卡岩成因的地质地球化学证据[J]. 矿物学报，2000，20(04)：378－384.

[10] 吕伟，冯明刚，胡长寿. 滇东南南温河地区猛洞岩群变质作用特征[J]. 云南地质，2001，20(1)：25－33.

[11] 张世涛，冯明刚，吕伟. 滇东南南温河变质核杂岩解析[J]. 中国区域地质，1998，(04)：390－397.

[12] 郭利果. 滇东南老君山变质核杂岩地球化学和年代学初步研究[D]. 中国科学院研究生院(地球化学研究所)，2006.

[13] 颜丹平，周美夫，王焰，等. 都龙——Song Chay变质弯隆体变形与构造年代——南海盆地北缘早期扩张作用始于华南地块张裂的证据[J]. 中国地质大学学报，2005，30(04)：402－412.

[14] 刘玉平，李朝阳，叶霖. 滇东南八布蛇绿岩地质地球化学特征及其构造意义[A]. 中国矿物岩石地球化学学会第九届学术年会论文摘要集[C]，2003：36.

[15] 王义昭，熊家铺，林尧明. 云南地质构造的若干特点[J]. 云南地质，1988，7(2)：105－110.

[16] 杨世瑜. 试论云南锡矿床控矿构造类型[J]. 云南地质，1987，6(3)：227－240.

[17] 宋焕斌，金世昌. 滇东南都龙锡矿床的控矿因素及区域找矿方向[J]. 云南地质，1987，(04)：298－304.

[18] 宋焕斌. 云南东南都都龙锡石-硫化物型矿床的成矿特征[J]. 矿床地质, 1989, 8(4): 29-38.
[19] 刘玉平. 一个受后期改造和热液叠加的块状硫化物矿床——都龙超大型锡锌多金属矿床[J]. 矿物岩石地球化学通报, 1998(01): 22-24.
[20] 刘玉平, 李朝阳, 叶霖, 皮道会, 郭利果. 滇东南老君山变质核杂岩成矿特征及找矿方向[A]. 第二届全国成矿理论与找矿方法学术研讨会论文集[C], 2004: 130.
[21] 周建平, 徐克勤, 华仁民, 等. 滇东南喷流沉积块状硫化物特征与矿床成因[J]. 矿物学报, 1998,(02): 158-168.
[22] 周建平, 徐克勤, 华仁民, 等. 滇东南锡多金属矿床成因商榷[J]. 云南地质, 1997, 16(4): 309-349.
[23] 罗君烈. 对云南区域成矿的几点认识[J]. 云南地质, 1984, 3(2): 109-112.
[24] 罗君烈. 滇东南锡、钨、铅锌、银矿床的成矿模式[J]. 云南地质, 1995, 14(4): 319-332.
[25] 付国辉. 云南都龙锡多金属矿床地质特征及成矿规律[J]. 西南矿产地质, 1992, (2): 29-37.
[26] 付国辉. 滇东南都龙锡多金属矿床地质勘探工作突破性进展的回顾[J]. 西南矿产地质, 1990, 4(03): 46-50.
[27] 张世涛, 冯明刚, 王厚强, 吕伟, 杨明. 云南省麻栗坡县祖母绿矿区的地质特征及成因初探[J]. 地质科技情报, 1999,(01): 50-54.
[28] 戴福盛. 滇东南锡多金属矿产区域分布规律[J]. 地质与勘探, 1990,(04): 17-21.
[29] 吴根耀, 吴浩若, 钟大娄, 等. 滇桂交界处古特提斯的洋岛和岛弧火山岩[J]. 现代地质, 2000, 14(04): 393-400.
[30] 晏建国. 云南都龙锡多金属矿床及厚大矿体控矿地质特征[J]. 西南矿产地质, 1992, (3): 26-31.
[31] 史清琴. 滇东南锡石硫化物矿床的成矿规律[J]. 云南地质, 1984, 3(2): 159-164.
[32] 范成均, 云南锡矿带之划分及其区域成矿地质特点[J]. 云南地质, 1988, 7(1): 1-12.
[33] 杨世瑜. 滇东南锡矿时空分布特征及成矿模式[J]. 地球科学, 1990,(2), 137-148.
[34] 张志信, 肖景霞, 汪志芬, 等. 云南锡矿的成矿地质环境、成矿系列与找矿远景研究[J]. 昆明: 西南有色地质勘查局, 1991: 129-130.
[35] 罗鉴凡. 滇东南老君山地区化探找矿预测中模糊相似优先比的应用效果[J]. 云南地质, 1992, 1: 97-100.
[36] 刘玉平, 李朝阳, 谷团, 等. 都龙锡锌多金属矿床成矿物质来源的同位素示踪[J]. 地质地球化学, 2000, 28(4): 75-82.
[37] 锺大赉, 吴根耀, 季建清, 等. 滇东南发现蛇绿岩[J]. 科学通报, 1998, 43(13): 1365-1370.
[38] 夏萍, 徐义刚. 滇东南马关地区新生代钾质玄武岩中慢源包体研究深部物质组成与动力学过程探讨[J]. 地球化学, 2006, 35(01): 27-40.
[39] 周祖贵. 都龙矿区资源总价值[J]. 云南冶金, 2002, 31(10): 62-64.
[40] 李文尧, 云南麻栗坡新寨锡矿物化探异常特征[J]. 云南地质, 2002, 21(1): 72-82.

[41] 杨学善，秦德先，崔银亮. 我国三大锡矿田及外围找金潜力浅析[A]. 第二届全国成矿理论与找矿方法学术研讨会论文集[C]，2004：149.
[42] 黄廷燃. 个旧原生锡矿典型矿床概论[J]. 云南地质，1984，01：36 - 46.
[43] 李家和. 个旧锡矿花岗岩特征及成因研究[J]. 云南地质，1985，04：327 - 352.
[44] 彭程电. 试论个旧锡矿成矿地质条件及矿床类型、模式[J]. 云南地质，1985，01：17 - 32.
[45] 汪志芬. 关于个旧锡矿成矿作用的几个问题[J]. 地质学报，1983，02：154 - 163.
[46] 伍勤生，刘青莲. 个旧含锡花岗岩浆杂岩体的成因、演化及成矿作用[J]. 矿产与地质，1985，04：22 - 31.
[47] 伍勤生，刘青莲. 个旧含锡花岗岩浆杂岩体的成因演化及成矿[J]. 桂林工学院学报，1986，03：229 - 238.
[48] 姚金炎，吴明超. 个旧花岗岩成因和成矿作用[J]. 矿产与地质，1985，03.
[49] 於崇文. 成矿作用与耗散结构[J]. 地质学报，1987，04：336 - 349.
[50] 张志信，肖景霞. 我国锡矿的成矿地质特征及成矿远景区划浅析[J]. 云南地质，1984，01：1 - 10.
[51] 陈国达. 中国地台"活化区"的实例并着重讨论"华夏古陆"问题[J]. 地质学报，1956，36(3)：240 - 272.
[52] 陈国达. 中国活化区矿产分析[J]. 湖南地质学报，1958，(2).
[53] 陈国达. 地壳的第三基本构造单元——地洼区[J]. 科学通报，1959(3)：94 - 95.
[54] 陈国达. 地壳动"定"转化递进说——论地壳发展的一般规律[J]. 地质学报，1959，39(3)：279 - 292.
[55] 陈国达. 地台活化说及其找矿意义[M]. 北京：地质出版社，1960.
[56] 陈国达. 中国大地构造概要[M]. 北京，地震出版社，1977.
[57] 陈国达. 成矿构造研究法[M]. 北京：地质出版社，1978.
[58] 陈国达，黄瑞华. 关于构造地球化学的几个问题[J]. 大地构造与成矿学，1984，8(1)：7 - 18.
[59] 陈国达. 多因复成矿床并从地壳演化规律看其形成机理[J]. 大地构造与成矿学，1982，6(1)：1 - 55.
[60] 陈国达. 历史 - 因果论大地构造学刍议[J]. 大地构造与成矿学，1992，16(1)：1 - 17.
[61] 陈国达. 地洼学说新进展[M]. 北京，科学出版社，1992.
[62] 陈国达. 壳体构造——一种综合大地构造学新概念[J]. 大地构造与成矿学，1994，18(4)：283 - 300.
[63] 陈国达，黄瑞华，王伏泉. 地洼构造与金成矿[M]. 北京：地质出版社，1997.
[64] 陈国达，杨心宜. 活化构造成矿学[M]. 长沙：湖南教育出版社，2003：23 - 34.
[65] 陈国达. 造盆作用及成盆的历史动力综合分类[J]. 大地构造与成矿学，1994，18(1)：1 - 12.
[66] ChenGuoda. Historic dynamic intergrative classification of basinogenesis and metalogenic basins [J]. Geo-sciences Journal of China University of Geology, 1993, 4(1): 1 - 6.
[67] 陈国达. 亚洲陆海壳体大地构造图(1：800 万) [M]. 北京：科学出版社，1994.

[68] 陈国达. 中国成矿大地构造图(1：400 万)[M]. 长沙：中南工业大学出版社，1999.
[69] 陈国达. 地洼学说——活化构造及成矿理论体系概论[M]. 长沙：中南工业大学出版社，1996.
[70] 陈毓川，王平安，等. 秦岭地区主要金属矿床成矿系列的划分及区域成矿规律探讨[J]. 矿床地质，1994，13(4)：289 - 298.
[71] 陶维屏，高锡芬，孙祁，等. 中国非金属矿床成矿系列[M]. 北京：地质出版社，1994.
[72] 王世称，陈永清. 成矿系列预测的基本原则及特点[J]. 地质找矿论丛，1994，9(4)：79 - 85.
[73] 周裕潘. 地洼学说在国外的运用与发展[J]. 大地构造与成矿学，1980，4(2)：1 - 69.
[74] 周裕潘. 国际上研究地洼构造和成矿现状[J]. 大地构造与成矿学，1995，19(1)：83 - 90.
[75] Магагакъян И. ГМетллогения. М. Недра，1974，304.
[76] Щеглов А. Д. 1968)地洼区成矿[M]. 中译本. 北京：冶金工业出版社，1978.
[77] A lmeida F F de，Tectonmeto-Magmatic Activation of the S. American Plantform and Associated Mineralization. 24th IGC，1972 - second. 3.
[78] 陈国达，费宝生. 中国有气田的大地构造类型及找矿方向[J]. 大地构造与成矿学，1979，3(2)：11 - 28.
[79] 陈国达，费宝生. 中国的地洼型油田[J]. 石油与天然气地质，1980，1(3)：167 - 176.
[80] 陈国达. 多因复成矿床与超大型矿床[J]. 大地构造与成矿学，1994，18(3)：233.
[81] 陈国达. 关于多因复成矿床的一些问题[J]. 大地构造与成矿学，2000，24(3)：199 - 201.
[82] Chen Guoda. Polygenetic compound ore deposits and superlarge ore deposits. Geotectonica et Metallogenia，1994，18(3 - 4)：10 - 11.
[83] 黄瑞华. 多因复成锡矿床[J]，大地构造与成矿学，1994，18(3)：237 - 238.
[84] 刘代志. 论“壳体”的地球物理研究[J]. 载于彭省临，戴塔根：地洼学说研究与应用. 中南工业大学出版社，1992，114 - 124.
[85] 林舸，陈广浩，赵生才. 进一步发展地洼学说之我见[J]. 大地构造与成矿学，1989，13(4)：326 - 336.
[86] 地洼学说奖金评委会秘书组. 湖南花垣县鱼塘铅锌矿区运用地洼学说找到富矿的经过[J]. 大地构造与成矿学，1986，10(1)：98.
[87] 张湘炳. 地洼学说成矿理论的研究与应用[J]. 大地构造与成矿学，1989，13(4)：326 - 336.
[88] 彭省临，湘南地洼型铅锌矿形成机理[J]. 长沙：中南工业大学出版社，1992.
[89] 戴塔根. 澳大利亚维多利亚州的地洼构造及金矿成矿作用[J]. 大地构造与成矿学，1989，13(4)：364 - 373.
[90] 陈国达. “燕山运动”的历史意义[J]. 大地构造与成矿学，1992. 16(2)：101 - 112.
[91] 陈国达，等. 亚洲陆海壳体大地构造[J]. 长沙：湖南教育出版社，1998.
[92] 陈国达，杨心宜，梁新权. 中国华南活化区历史 - 动力学的初步研究[J]. 大地构造与成矿学，2001. 25(3)：228 - 238.
[93] 陈国达，杨心宜. 关于活化区动力学的几个问题[J]. 地质科学，2002. 37(2)：320 - 331.

[94] 陈国达，彭省临，戴塔根. 亚洲大陆中部壳体东－西部历史－动力学的构造分异及其意义[J]. 大地构造与成矿学，2005，29(1)：7－16.

[95] 陈胜早. 壳－幔动力学与活化构造(地洼)理论[J]. 大地构造与成矿学，2005，29(1)：87－98.

[96] 戴塔根. 湖南矿物岩石地球化学论丛[M]. 长沙：中南大学出版社，2006.

[97] 陈从喜，沈宝林，蔡克勤. 矿床成矿系列研究评述[J]. 建材地质，1997，(5)：3－8.

[98] 战明国. 从第三十届国际地质大会看当前构造地质与矿床地质研究的前沿和热点[J]. 华南地质与矿产，1996，(4)：57－62.

[99] 陈毓川. 矿床的成矿系列研究现状与趋势[J]. 地质与勘探，1997，33(1)：21－25.

[100] 王润民编著. 内生成矿作用、成矿区及矿床系列[M]. 重庆：重庆大学出版社，1988.

[101] 雷新民. 成矿模式与成矿系列[J]. 矿山地质 1989；1－39.

[102] 翟裕生. 成矿系列研究问题[J]. 现代地质，1992，6(3)：301－308.

[103] 章少华，蔡克勤. 成矿系列研究若干问题讨论[J]. 地质论评，1993，39(5)：404－411.

[104] 王世称，陈永清. 成矿系列预测的基本原则和特点[J]. 地质找矿论丛，1994，9(4)：19－85.

[105] 朱裕生，梅燕雄. 成矿模式研究的几个问题[J]. 地球学报，1995，(2)：182－189.

[106] 陈昌勇. 成矿系列研究现状及展望[J]. 昆明理工大学学报，1997，22(2)：12－16.

[107] 陈从喜，蔡克勤，沈宝林. 矿床成矿系列研究的若干问题与方向——兼论非金属矿床成矿系列研究的有关问题[J]. 地质论评，1998，44(6)：596－602.

[108] 谭运金. 矿床地球化学类型与成因类型和成矿系列的关系[J]. 中国钨业，2000，15(2)：16－20.

[109] 朱章森，刘宴淼. 矿床成矿系列与多目标定量预测[J]. 物探化探计算技术，1989，11(4)：321－327.

[110] 张国林，蔡宏渊. 锡多金属矿床类型、成矿系列及成矿模式[J]. 矿产与地质，1991，23(5)：229－239.

[111] 韩春明，毛景文，杨建民，等. 东天山晚古生代内生金属矿床成矿系列和成矿规律[J]. 地质与勘探，2002，38(5)：5－10

[112] 陈昌勇，李守义，范继璋，等. 华北地块北缘金银铜铅锌成矿系列综合信息找矿模型[J]. 世界地质，1999，18(1)：25－31

[113] 谭秋明，李江洲，李均权. 湖北省矿床成矿系列及其时空分布[J]. 湖北地矿，2002，16(2)：14－20.

[114] 程裕淇，陈毓川，赵一鸣. 初论矿床的成矿系列问题[J]. 中国地质科学院院报，1979，1(1)：32－58.

[115] 程裕淇，陈毓川，赵一鸣，宋天锐. 再论矿床的成矿系列问题——兼论中生代某些矿床的成矿系列[J]. 地质论评，1983，29(2)：127－139.

[116] 章崇真. 矿床类型、成矿系列和矿床组合模式[J]. 地质与勘探，1983(11)：1－7

[117] 翟裕生，秦长兴. 关于成矿系列与成矿模式[J]. 矿床学参考书(下册)，北京：地质出版社，1987

[118] 雷新民. 成矿模式与成矿系列[J]. 矿山地质, 1989, 3: 1-7
[119] 郑明华. 现代成矿学导论[M]. 北京: 地质出版社, 1988.32-13
[120] 王润民. 内生成矿作用——成矿区及成矿系列[M]. 重庆: 重庆大学出版社, 1988, 158
[121] 陶维屏. 中国非金属矿床的成矿系列[J]. 地质学报, 1989, 63(4): 224-337
[122] 吕志成, 断国正, 刘丛强, 等. 大兴安岭地区银矿床类型、成矿系列及成矿地球化学特征[J]. 矿物岩石地球化学通报, 2000, 19(4): 305-309
[123] 翟裕生, 林新多, 池三川, 姚书振. 长江中下游铁铜矿床成因类型及成矿系列探讨[J]. 地质与勘探, 1980, 16(3): 9-13
[124] 翟裕生, 熊永良. 关于成矿系列的结构[J]. 地球科学, 1987(4): 375-380.
[125] 翟裕生, 姚书振, 崔彬, 等. 成矿系列研究[M]. 武汉: 中国地质大学出版社, 1996, 1-186
[126] 章少华, 蔡克勤. 试论成矿系列问题[J]. 地质论评, 1993, 39(5): 404-411.
[127] 宋天锐. 关于"成矿系列"的若干理论问题[J]. 中国地质科学院院报, 第16号, 北京: 地质出版杜, 1987.83-91.
[128] 沈永和, 论主要金属成矿的演化序列[J]. 矿床地质, 1982, 1(1): 35-42.
[129] 翟裕生, 熊永良. 南岭钨-锡成矿系列与长江中下游铁-铜成矿系列的对比兼论成矿系列的几个问题[A]. 见: 冯景兰教授诞辰90周年纪念文集, 北京: 地质出版杜, 1990: 157-165
[130] 毛景文, 宋叔和, 陈毓川. 桂北地区火成岩系列和锡多金属矿床成矿系列[M]. 北京: 北京科技出版社, 1988, 1-196.
[131] 陈毓川. 矿床的成矿系列[J]. 地学前缘, 1994, 1(3-4): 90-94
[132] 谭运金. 矿床地球化学类型与成因类型和成矿系列的关系[J]. 中国钨业, 2000, 15(2): 16-20
[133] 罗君烈. 云南矿床的成矿系列[J]. 云南地质, 1995, 14(4): 251-262
[134] 翟裕生. 金属成矿学研究的若干进展[J]. 地质与勘探, 1997, 33(1): 13-18.
[135] 何建泽. 湖南银成矿系列的划分及与构造演化的关系[J]. 贵金属地质, 1994, 3(1): 38-43.
[136] 代双儿. 甘蒙北山地区板块构造演化与铜多金属矿成矿系列研究[J]. 兰州大学学报自然科学版, 2001, 37(6): 112-120.
[137] 翟裕生, 彭润民, 王建平, 邓军. 成矿系列的结构模型研究[J]. 高校地质学报, 2003, 9(4): 510-519.
[138] 陶维屏. 中国的非金属矿床含矿建造[J]. 建材地质, 1992,(1): 1-7.
[139] 斯特罗纳·坡·安, 含矿建造论[M]. 北京: 地质出版社, 1982: 12-15.
[140] 陈毓川. 华南与燕山期花岗岩类有关的有色、稀土、稀有金属矿床成矿系列[J]. 矿床地质, 1983.2: 15-24.
[141] 陈毓川, 等. 南岭地区与中生代花岗岩类有关的有色及稀有全国矿床地质[M]. 北京: 地质出版社. 1989.
[142] 翟裕生, 姚书振, 林新多. 长江中下游地区铁铜矿床的成矿特征和成矿系列[A]. 国际交

流地质学术论文集(四)[M].北京：地质出版社，1985.

[143] 翟裕生，等.长江出下游地区铁铜(金)成矿规律[M].北京：地质出版社，1992.

[144] 叶庆同，石桂华，叶锦华，等.怒江、澜沧江、金沙江地区铅锌矿床成矿特征和成矿系列[M].北京：科学技术出版社，1999.

[145] 陈毓川，毛景文，等.桂北地区矿床成矿系列及成矿历史演化轨迹[[M].南宁：广西科学技术出版社，1995.

[146] 叶庆同，傅旭杰.新疆阿尔泰造山带矿床成矿系列[J].地球学报，1998，19(1)：31-39.

[147] 陈毓川，王平安，等.秦岭地区主要金属矿床成矿系列的划分及区域成矿规律探讨[J].矿床地质，1994，13(4)：289-298.

[148] 陶维屏，高锡芬，孙祁，等.中国非金属矿床成矿系列[M].北京：地质出版社，1994.

[149] 王世称，陈永清.成矿系列预测的基本原则及特点[J].地质找矿论丛，1994，9(4)：79-85.

[150] Deverle P. Harris, Frederik P. Agterberg. The Appraisal of Mineral Resources. Economic Geology, Seventy-Fifth Anniversary, Volume(1905-1980), 1981: 987-938.

[151] 陶维屏，马启锐，刘绍斌，等.1：5000000中国非金属矿床成矿地质图[M].北京：地质出版社.1996.

[152] 章少华.中国的绿片岩相-角闪岩相片岩变粒岩镁质碳酸岩盐建造区域变质非金属矿成矿系列[A].《"七五"地质科技重要成果学术交流会议论文集》，北京：科学技术出版社，1991.

[153] Zhangshaohua. The regional metamorphic minerogenetic series of nonmetallic deposits in schist leptynite magnesion carbonate formation in China. Papers to 29th IGC[J]. Published by Geological Press Houes, China, 1992.

[154] Chen Congxi. The minerogenetic series of nonmetallic deposits in continental basalt forma-tion in China. Papers to 29th IGC[J]. Published by Geological Press Houes, China, 1992.

[155] 陈从喜.中国的大陆玄武岩建造非金属矿成矿系列[A].《"七五"地质科技重要成果学术文流会议论文集》，北京：科学技术出版社，1991.

[156] 李人澍.成矿系列建构若干理论问题的探索[J].西北有色地质研究所所刊，1991.

[157] 金伟.成矿系列研究方法探讨[J]，河北地质学院学报，1993，16(4)：392-398.

[158] 翟裕生.关于构造-流体-成矿作用研究的几个问题[J].地学前缘，1996，3(3-4)：230-236.

[159] Grilhaumou N. Characterization of hydrocarbon fluid inclusion by infra-red fluorescence microscopetrometry[J]. Mineralogical Magazine, 1990, 54: 519-533

[160] 李人澍.成矿系统分析的理论与实践[M].地质出版社，1996.

[161] 翟裕生.金属成矿学的若干进展[J].地质与勘探，1997，33(1)：13-18.

[162] 翟裕生.论成矿系统[J].地学前缘，1999，6(1)：13-27.

[163] 翟裕生.矿床学的百年回顾与发展趋势[J].地球科学进展，2001，16(5)：719-725.

[164] 毕思文.地球系统科学——21世纪地球科学前沿与可持续发展战略科学基础[J].地质通 报，2003，22(8)：601-612.

[165] 翟裕生. 地球系统科学与成矿学研究[J]. 地学前缘, 2004, 11(1): 1-10.
[166] 翟裕生. 关于矿床学创新问题的探讨[J]. 地学前缘, 2006, 13(3): 1-7.
[167] 张均. 矿体定位预测现状及趋向[J]. 地球科学进展, 1997, 12(6): 25-30.
[168] 朱裕生. 论矿床成矿模式[J]. 地质论评, 1993, 39(3): 216-222.
[169] 朱裕生, 肖克炎. 成矿预测法[M]. 北京, 地质出版社, 1997.
[170] 朱裕生. 矿产预测理论——区域成矿学向矿产勘查延伸的理论体系[J]. 地质学报, 2006, 80(10): 1518-1527.
[171] 彭省临, 邵拥军. 隐伏矿体定位预测研究现状及发展趋势[J]. 大地构造与成矿学, 2001, 25(3): 329-334.
[172] 程裕淇, 陈毓川, 赵一鸣. 初论矿床的成矿系列[M]. 中国科学院院报(第一号). 北京, 地质出版社, 1979: 32-57.
[173] 程裕淇, 陈毓川, 赵一鸣. 再论矿床的成矿系列[M]. 中国科学院院报(第六号). 北京, 地质出版社, 1983: 1-64.
[174] 陈毓川, 裴永富, 宋天锐等. 中国矿床成矿系列初论[M]. 北京, 地质出版社, 1998: 1-104.
[175] 翟裕生, 姚书振, 崔彬. 成矿系列研究[M]. 武汉: 中国地质大学出版社, 1996.
[176] 翟裕生, 彭润民, 王建平. 成矿系列的结构模型研究[J]. 高校地质学报, 2003, 9(4): 510-519.
[177] 陈毓川, 裴荣富, 王登红. 三论矿床的成矿系列问题[J]. 地质学报, 2006, 80(10): 1501-1508.
[178] 陈毓川, 王登红, 徐志刚, 等. 对中国成矿体系的初步探讨[J]. 矿床地质, 2006, 25(2): 155-163.
[179] 翟裕生, 彭润民, 邓军. 成矿系统分析与新类型矿床预测[J]. 地学前缘, 2000, 7(1): 123-132.
[180] 翟裕生. 成矿系统及其演化——初步实践到理论思考[J]. 地球科学, 2000, 25(4): 333-339.
[181] 翟裕生, 邓军, 彭润民, 等. 成矿系统研究及其资源、环境意义[J]. 高校地质学报, 2002, 8(1): 1-8.
[182] 翟裕生. 成矿系统研究与找矿[J]. 地质调查与研究, 2003, 26(3): 129-135.
[183] 翟裕生. 地球系统、成矿系统到勘查系统[J]. 地学前缘, 2007, 14(1): 172-181.
[184] 裴荣富, 熊群尧. 中国特大型金属矿床成矿偏在性与成矿构造要素聚敛场[J]. 矿床地质, 1999, 18(1): 37-46.
[185] 涂光炽, 赵振华, 刘秉光等. 庞然大物——与寻找超大型矿床有关的基础研究[M]. 长沙: 湖南科学技术出版社. 1995.
[186] 涂光炽, 等. 中国超大型矿床[M]. 北京: 科学出版社, 2000: 1-584.
[187] 裴荣富, 叶锦华, 梅燕雄, 等. 特大型矿床研究若干问题探讨[J]. 中国地质, 2001, 28(7): 9-15.
[188] 裴荣富, 梅燕雄, 李进文. 特大型矿床与异常成矿作用[J]. 地学前缘, 2004, 11(2): 323

-3311.

[189] 於崇文. 成矿作用动力学——理论体系和方法论[J]. 地学前缘, 1994, 1(3): 54-82.

[190] 於崇文, 岑况, 鲍征宇, 等. 成矿作用动力学[M]. 地质出版社, 1998.

[191] 於崇文. 成矿动力系统在混沌边缘分形生长——一种新的成矿理论与方法论(上)[J]. 地学前缘, 2001, 8(3): 10-28.

[192] 於崇文. 成矿动力系统在混沌边缘分形生长——一种新的成矿理论与方法论(下)[J]. 地学前缘, 2001, 8(4): 471-489.

[193] 赵鹏大, 池顺都. 初论地质异常[J]. 地球科学——中国地质大学学报, 1991,(3): 241-248.

[194] 赵鹏大, 陈永清. 地质异常矿体定位的基本途径[J]. 地球科学——中国地质大学学报, 1998, 23(2): 111-114.

[195] 赵鹏大, 陈永清, 刘吉平, 等. 地质异常成矿预测理论与实践[M]. 武汉, 中国地质大学出版社, 1999: 1-138.

[196] 赵鹏大, 陈永清, 金友渔. 基于地质异常的"5P"找矿地段的定量圈定与评价[J]. 地质论评, 2000, 46(增刊): 1-12.

[197] 孙华山, 赵鹏大, 张寿庭, 等. 基于5P成矿预测与定量评价的系统勘查理论与实践[J]. 地球科学——中国地质大学学报, 2005, 30(2): 199-205.

[198] 陈永清, 刘红光. 初论地质异常数字找矿模型[J]. 地球科学——中国地质大学学报, 2001, l26(2): 129-134.

[199] 赵鹏大, 孟宪国. 地质异常与矿产预测[J]. 地球科学——中国地质大学学报, 1993, 18(1): 39-46.

[200] 赵鹏大, 王京贵, 饶明辉. 中国地质异常[J]. 地球科学——中国地质大学学报, 1995, 20(2): 117-127.

[201] 张均, 陈守余, 张玉香. 隐伏矿体定位预测中的几个关键问题[J]. 贵金属地质, 1998, 7(4): 293-301.

[202] 张均. 矿体定位预测的研究现状与趋势[J]. 地球科学进展, 1997, 12(3): 242-246.

[203] 张均. 隐伏矿体定位预测的方法学基础及方法论[J]. 贵金属地质, 2000, 9(2): 101-105.

[204] 杨言辰, 李绪俊, 马志红. 生产矿山隐伏矿体定位预测[J]. 大地构造与成矿学, 2003, 27(1): 83-90.

[205] 王庆乙, 胡玉平. 金属资源的紧缺与隐伏找矿的思考[J]. 地质与勘探, 2004, 40(6): 75-79.

[206] 吕志刚, 吴国学, 王永祥等. 隐伏矿体预测研究[J]. 世界地质, 2007, 26(1): 7-13.

[207] 韩润生. 初论构造成矿动力学及其隐伏矿定位预测研究内容和方法[J]. 地质与勘探, 2003, 39(1): 5-9.

[208] 王世称, 范继璋, 杨永华. 矿产资源评价[M]. 长春: 吉林科技出版社, 1990.

[209] 赵鹏大, 张寿庭, 陈建平. 危机矿山可接替资源预测评价若干问题探讨[J]. 成都理工大学学报(自然科学版), 2004, 31(2): 111-117.

[210] 王世称，陈永良，夏立显.综合信息矿产预测理论与方法[M].北京：科学出版社，2000.

[211] 赵震宇，王世称，许亚明，等.综合信息矿产预测理论在危机矿山资源预测中的应用思考[J].世界地质，2002，21(3)：283-286.

[212] 赵鹏大."三联式"资源定量预测与评价——数字找矿理论与实践探讨[J].地球科学，2002，27(5)：482-489.

[213] 李颖，李抒，范继璋.综合信息成矿预测网络系统研究[J].吉林大学学报(地球科学版)，2003，33(1)：111-114.

[214] 叶育鑫，杨永强，王十.危机矿山的综合信息矿产预测系统[J].资源与产业，2006，8(6)：56-57.

[215] Cox D P, Singer D A, Mineral Deposit Models[J]. U S Geological Survey Bulletin 1693, 1986, 379, 143-161.

[216] Cox D P. The Development and Use of Mineral Deposit Models in the United States Geological Survey. Geological Association of Canada Special Pager, 40, 1993(1995), 40: 15-19

[217] Drew L J. Revising U S Geological Survey Mineral-Resource Assessment Method. http://pubs. usgs. gov/info-hand out/revision, 1998.

[218] Hodgson C J. Uses (and Abuses) of Ore Deposit Models in Mineral Exploration[J]. Geosciences Canada, 1990, 17.

[219] McCammon. R. B. PROSPECTOR Ⅱ - an expert system for mineral deposit models[J]. Geological Association of Canada Special Pager, 40, 1993, (1995): 679-684.

[220] Klaus J Schulz, Joseph A Briskey. A cooperative International Project to Assess the World Undiscovered Non-fuel Mineral Resources: Status and Schedule of Activities[J]. Workshop on Assessment Undicovered Mineral Resources, Beijing, China, 2002, 1-6.

[221] Singer D A. Basic concepts in three quantitative assessments of undiscovered mineral resources [J]. Nonrenewable Resources, 1993a, 2(2): 69-81.

[222] Singer D A. Development of grade and tonnage models for different deposit types[J]. Geological Association of Canada Special Pager, 40, 1993b, (1995): 21-30.

[223] Singer D A. Some Suggested Future Directions of Quantitative Resource Assessments[J]. Journal of China University of Geosciences, 2001: 40-44.

[224] 翟裕生，彭润民，邓军，等.区域成矿学与找矿新思路[J].现代地质，2001，15(2)：151-156.

[225] 翟裕生.走向21世纪矿床学[J].矿床地质，2001，20(1)：10-14.

[226] 郭远生，唐荆元.矿床学进展与未来趋势[J].中国矿业，2005，14(8)：8-10.

[227] Western Minerals Team. U S Department of the Interior, USGS, Advanced Resource Assessment Methods 错误！超链接引用无效。. usgs. gov/west/prosjects/aramdel. shtml, 2002

[228] 王勇毅，肖克炎，朱裕生，等.初论中国铜矿数字矿床模型[J].地质与勘探，2003，39(3)：20-24.

[229] National Research Council. Solid-earth Sciences and society[M], National Academy Press,

1993：6－21.

[230] Iswrence S R，Parnell J，Groves D I，et al. Geofluid's23，Contributions to an International conference on fluid evolution migration and interaction in rocks[J]. J struct Geol 1993，15(13)：1439－1499.

[231] Hedenqulst J W. Kerrlch R Graw D，et al. Geology，geochemlstry and orlglon of hlghsulfldlzatlon Cu－Au mineralizati on in the Nansatsu District[J]. Japan Econ Geol 1994，89(2)：1－30.

[232] Baker. Locallsatlon of sulfides by a hornblende-biotite alteration system at the Eloise Cu－Au deposit，Cloncurry District，NW Queensland[J]. Val D'or，May，1994：32－56.

[233] 亚当斯 S. S 美国西部大盆地卡林四金矿的资料－过程－准则模型[J]. 地质科技参考资料，1993，(17)：12－15.

[234] Castaing C. 流变不均一性在脉状矿床定位中的作用[J]. 地质科学译丛，1994，(4)：62－67.

[235] 李德仁，龚健雅，边馥苓. 地理信息系统导论[M]. 测绘出版社，1993.

[236] 边馥苓. 地理信息系统原理与方法[M]. 北京：测绘出版社，1996.

[237] Maguire D J，Goodchild M F. Geographic Information System：Principle and Application. Longman，London[J]，1991.

[238] Paul R Blackwell. GIS Concepts-A Hands-on Approach to Understanding Geographic Information System[J]. 1995.

[239] 陈述彭，鲁学军，周成虎. 地理信息系统导论[M]. 北京：科学出版社，1999.

[240] 邬伦，刘瑜，张晶，等. 地理信息系统——原理、方法和应用[M]. 北京：科学出版社，2005.

[241] 吴信才. 地理信息系统的基本技术与发展动态[J]. 地球科学，1998，23(4)：329－333.

[242] 郭秋英. 当前 GIS 发展的几个特点[J]. 测绘通报，1998(5)：43－48.

[243] 朱光，季晓燕，戌只. 地理信息系统基本原理及应用[M]. 北京：测绘出版社，1997.

[244] 陈军，杜道先. 试论地理信息产业的发展方向与性的对策[J]. 测绘通报，1994(6)：13－17.

[245] 徐翠生. 地理信息系统应用现状及相应技术发展趋势[J]. 中国地质，1998：14－17.

[246] Graem F，Bonham-Carter. Geographic Information System for Geo-Scientist Modeling with GIS [M]. 1994

[247] 鲍光淑，姚锐，戴塔根. 地学信息系统在矿产预测中的应用[J]. 中南工业大学学报，2002，33(5)：445－448.

[248] Bonham-Carter G F. Geographic information for geoscientists：Modeling with GIS[M]. New York：Elsevier Sciences Press，1994.

[249] Lesley W. Using GIS formineral potential evalution in areas with few known mineral occurrences [A]. The second forum on GIS in the geosciences[C]. Canberra：Australian Geological Survey Organisation，1995. 199－211.

[250] Lyle A B. Recent applications and research into mineral prospective mapping using GIS[A].

Proceeding of third national forum on GIS in the geosciences [C]. Canberra: Australian Geological Survey Organisation, 1997. 121 - 129.

[251] Knox R C M, Wyborn L A I. Towards a holistic exploration strategy: Using geographic information systems as a tool to enhance exploration[J]. Australian Journal of Earth Sciences, 1997, 44: 453 - 463.

[252] 矫东风, 吕新彪. 基于 GIS 空间分析的成矿预测[J]. 地质找矿论丛, 2003, 18(4): 269 - 274.

[253] 付海涛, 王恩德. GIS 技术在成矿预测中的应用实例[J]. 矿床地质. 2005, 24(6): 684 - 691.

[254] 陈小云, 胡光道. GIS 在矿产资源预测中的现状和研究思路[J]. 资源环境与工程, 2006, 20(1): 56 - 59.

[255] 方维萱, 刘方杰, 程顺有. 初论信息技术有我国有色金属矿产勘查与开发[J]. 岩土工程界, 1999, 8(6): 627 - 632.

[256] 李裕伟. 空间信息技术的发展及其在地球科学中的应用[J]. 地学前缘, 1998, 5(1 - 2): 335 - 347.

[257] 宋国耀, 张晓华, 肖克炎, 等. 矿产资源潜力评价的理论和 GIS 技术[J]. 物化探计算技术, 1999, 21(3): 199 - 205.

[258] 朱思才, 吴家齐, 刘和发. GIS 技术在区域矿产资源勘查评价中的应用[J]. 有色金属矿产与勘查, 1999, 8(6): 615 - 618.

[259] 肖克炎. 矿产资源 GIS 评价系统[M]. 北京: 地质出版社, 2000.

[260] 袁峰, 周涛发. 基于 GIS 的矿产资源预测现状及关键问题[J]. 合肥工业大学学报: 自然科学版. 2004, 27(5): 486 - 489.

[261] 陈建平, 王功文, 侯昌波, 等. 基于 GIS 技术的西南三江北段矿产资源定量预测与评价[J]. 矿床地质, 2005, 24(1): 15 - 24.

[262] 徐翠玲, 钱壮志, 梁婷. GIS 在矿产资源评价中的应用[J]. 西安文理学院学报: 自然科学版, 2006, 9(4): 104 - 107

[263] 涂光炽. 我国西南地区两个别具一格的成矿带(域)[J]. 矿物岩石地球化学通报, 2002, 21(1): 1 - 2.

[264] 陈国达, 等. 1: 400 万中国大地构造图(按地洼学说编制) [M]. 北京: 中国地图出版社, 1977.

[265] 云南省地质矿产局. 云南省区域地质志[M]. 北京: 地质出版社, 1990.

[266] 杨世瑜. 滇东南锡矿时空分布特征及成矿模式[J]. 地球科学, 1990(2), 137 - 148.

[267] 戴福盛. 个旧矿区壳源重熔岩浆岩石系列特征、演化及成岩成矿作用[J]. 云南地质, 1996, 15(4), 330 - 344.

[268] 彭省临, 陈国达, 赖健清. 滇中及邻区大地构造演化 - 运动特征[J]. 中南工业大学学报, 1999, 30(4): 336 - 341.

[269] 崔军文. 哀牢山变质岩的原岩建造及其构造意义[J]. 中国区域地质, 1987(4): 349 - 357.

[270] 钱锦和，沈远仁.云南大红山古火山岩铁铜矿[M].北京：地质出版社，1990.

[271] 张志信，肖景霞，汪志芬，等.云南锡矿的成矿地质环境、成矿系列与找矿远景研究(未出版).昆明：西南有色地质勘查局，1991：129－130.

[272] Tischendorf, G. Geochemical and petrographic charicteristics of sillic magmatic rocks associated with rare-element mineralization. In Stemprok, M. Burnol, L. Tischendor G. (Eds.), Metallization Associated with Acid Magmatism, 1977, Vol.2. Geological Survey, prague.

[273] 曹显光，王兴彬.云南莫霍面形态与大型矿床空间关系探讨[J].云南地质，2001，20(1)：73－80.

[274] Ohmoto H, Rye R O. Isotopes of Sulfur and Carton In: Barbes H. L. ed. Geochemistry of hydrothennal ore deposits[J]. New York: John Wiley and Sons, 1979: 509－567.

[275] Sangster D F., Sulfur and lead isotopes in steata-bound deposits. In: Wolf K H. ed. Handbook of stratabound and stratiform ore deposits[J]. Elsevier, Amsterdam, 1976, 2: 219－266.

[276] Rye R O., Ohmoto H., Sulfur and carbon isotopes and ore genesis: a review[J]. Economic Geology. 1974, 69: 826－842

[277] Shanks W C. Ⅲ, Bischoff J L, Ore transport and depostion in the Red Sea geothemal system: a geochemical model. Geochimica et Cosmochimica Acta[J], 1977, 41: 1507－1509.

[278] Lusk J. Examination of volcanic exhaltive and biogenic origins for sulfer in the stratiform massive sulfide deposits [J], New Brunswick. Economic Geology. 1973, 67(1): 169－183.

[279] Large D E. Sediment-hosted submarine exhalative lead-zinc deposits: a review of their geological chatacterist-ics and K Hed. Handbook of sreatabound and stratiform ore deposits[J]. Elsevier, Amsterdam, 1981, 9: 469－508

[280] 韩发，孙梅田.Sedex型矿床成矿系统[J].地学前缘，1999，6(1)：139－162.

[281] Zertman R E. and Doe B R. Plumbotectonics-The model[J]. Tectonophys, 1981, 75: 135－162.

[282] Burke W H., Denison R E, Hetherington E. A., et al., Varition of seawater 87Sr/86Sr throughout Phanerozoic time Geology[J], 1982, 10(10): 516－519.

[283] Denison R E, Koepnick R B, Burke W H. Construction of the Cambrian and Ordorician seawater 87Sr/86Sr curve Chemical Geology[J]. 1998, 152(3－4): 325－340.

[284] Liu Yuping, Li Chaoyang, Zeng Zhigang, The metallogenic epoch and ore-forming metal source of some large and super-large deposits in Laojunshan, Yunan-Evidence from Rb－Sr isotopic studies[J]. Chinese Science Bulletion, 1999, 44(Supplement 2): 30－32.

[285] G.福尔，同位素地质学原理[M]，潘曙兰，乔广生译.北京：地质出版社，1983：103.

[286] 安保华.老君山岩体特征、成因及其找矿意义探讨[J].西南矿产地质，1990，4(1)：30－35.

[287] 李公时，谢国柱.数学地质教程[M].长沙：中南工业大学出版社，1989.

[288] RollisonH R. Usinggeochemicaldata. Lonman[M]. Scientific&Techenical, 1993

[289] Nordin A. Chemical Elemental Characteristicsof Biomass. Fuels, 1994, 6(5): 339－347.

[290] 苏金明，傅荣华.统计软件SPSS FOR WINDOWS实用指南[M].北京：电子工业出版

社，2000.
[291] 杨守业 李从先. 元素地球化学特征的多元统计方法研究[J]. 矿物岩石，1999，19(1)：63 -67.
[292] 杨毅恒，韩燕等. 多维地学数据处理技术与方法[M]. 北京：科学出版社，2002：56 -79.
[293] 章邦桐，凌洪飞，陈培荣. 多体系微量元素地球化学对比中存在的问题及解决途径[J]. 地质地球化学，2003，31(4)：102 -106.
[294] 张彦艳，王建新，赵志. R 型聚类分析在成矿阶段划分中的应用[J]. 世界地质，2006，25(1)：29 -34.
[295] Mandelbrot B B. Multifractals and 1/f Noise[M]. NewYork：Springer-Verlag，1999：1 -442.
[296] 王仁铎，胡光道. 线性地质统计学[M]. 北京：地质出版社，1988：1 -30.
[297] 仪垂祥. 非线性科学及其在地学中的应用[M]. 北京：气象出版社. 1995.
[298] 陈春仔，兰朝利. 分形理论在地质科学中的应用[J]. 地学探索索. 1998，6：123 -128.
[299] 成秋明. 多维分形理论和地球化学元素分布规律[J]. 地球科学，2000，25(3)：311 -18.
[300] 谢淑云，鲍征宇. 多重分形与地球化学元素的分布规律[J]. 地质地球化学，2003，31(3)：97 -102.
[301] Agterberg FP. Fractals，multifractals，and change of support：geostatistics for the next century [M]. Dordrecht：lower Academic Pub，1994. 223 -234.
[302] Paredes C，Elorza F J. Fractal and multifractal analysis of fractured geological media：surface-subsurface correlation [J]. Comput&Geosciences，1999，25(9)：1081 -1096.
[303] Cheng Q，Agterberg F P，Bonham-Carter G F. A spatial analysis method for geochemical anomaly separation[J]. J Geochem Explor，1996，56：183 -195.
[304] Cheng Q. Multifractality and spatial statistics[J]. Computer&Geosciences，1999b，25(9)：949 -962.
[305] Cheng Q，Agterberg F P，Ballantyne S B. The separation of geochemical anomalies from background by fractal methods [J]. Geochem Explor，1994，51：109 -130.
[306] 成秋明. 空间模式的广义自相似性分析与矿产资源评价[J]. 地球科学，2004，29(6)：733 -743.
[307] 施俊法. 浙江省诸暨地区元素地球化学分布与标度律[J]. 地球科学，2001，26(2)：167 -171.
[308] 陈建平，唐菊兴，李志军. 混沌理论在三江北段成矿地质条件研究上的应用[J]. 地质与勘探，2003，39(3)：1 -4.
[309] 谢淑云，鲍征宇. 地球化学场的连续多重分形模式[J]. 地球化学，2002，31(2)：191 -200.
[310] 杨茂森，黎清华，杨海巍. 分形方法在地球化学异常分析中的运用研究——以胶东矿集区为例[J]. 地球科学进展，2005，20(7)：809 -814.
[311] 韩东昱，龚庆杰，向运川. 区域化探数据处理的几种分形方法[J]. 地质通报，2004，23(7)：714 -719.
[312] Agterberg F P，Cheng Q，Wright D F. Fractal modeling of mineral deposits. Int-ernational

Symposium on the Application of computer and Operations Research in the Mineral Industries [C]. Amotreal: Canadian Institute of Mining Metell-urgy and Petroleum, 1993: 43 - 53.
[313] 张哲儒, 毛华海. 分形理论与成矿作用[J]. 地学前缘, 2000, 7(1): 195 - 204.
[314] 徐克勤, 朱金初. 华南钨锡矿床的时空分布和成矿控制[C]. 锡矿地质讨论会论文集, 1987.
[315] 郑功博, 彭大良等. 广西大地构造演化与锡矿成矿机理的探讨[C]. 锡矿地质讨论会论文集, 1987.
[316] 程光耀, 黄有德. 试论锡的原始富集. 地质与勘探, 1984,(6): 29 - 35.
[317] 冼柏琪. 试论广西锡矿的成矿条件及分布规律. 地质学报, 1984, 58(1): 49 - 62.
[318] 毛景文, B. Lehmann, H J. Schneider. 锡在地球中初始富集与锡矿床成矿关系[J]. 河北地质学院报, 1991, 14(1): 46 - 60.
[319] 陈俊. 锡的地球化学[M]. 南京: 南京大学出版社, 2000: 222 - 235.
[320] Tischendorf, G. Geochemical and petrographic charicteristics of sillic magmatic rocks associated with rare-element mineralization. In: Stemprok, M. Burnol, L., Tischendorf, G. (Eds.), Metallization Associated with Acid Magmatism[J], Geological Survey, prague. 1977(2).
[321] Rachel A Mill, Harry Elderfild. Hytrothermal Activity and the Geochemistry of Metalliferou sediments. In: L M. PARSON, et al[J]. Hytrothermal vents and process. Society Special Publica-tion, 1995: 392 - 407.
[322] Bischoff J. L. Red Sea geothermal brine deposits. In: Degens E T, Ross D A(eds). Hotbrines and recent heavy metal deposits of the Red Sea[J]. New York: Springer-Verlag, 1969: 338 - 401.
[323] Hekinian R, Fevrier M, Bischoff T L., Picot P and Shanks W. C.. Silfide deposits from the East Pacific Rise 21°N[J]. Science, 1980, 207: 1433 - 1444.
[324] CYAMEX Science Team. Massive deep-sea sulfide ore deposits discovered on the East Pacific Rise[J]. Nature, 1979, 277: 523 - 528.
[325] CYAMEX Science Team. First manned submersible dives on the East Pacific Rise 21°N(project RITA) [J]: general results, Marnie Geophys Res, 1981(4): 345 - 379.
[326] P A Rona. Hydrothermal mineralization at riges. Journal of mineralogical association of Canada [J], 1988, 266, Part3: 431 - 465.
[327] 吴德文, 朱谷昌, 张远飞, 袁继明. 多元数据分析与遥感矿化蚀变信息提取模型[J]. 国土资源遥感, 2006, 1: 22 - 25.
[328] 蒋树芳, 胡宝清, 黄秋燕, 周德全, 廖赤眉. 广西都安喀斯特石漠化的分布特征及其与岩性的空间相关性[J]. 大地构造与成矿学, 2004, 28(2): 214 - 218.
[329] 陈爱兵, 秦德先, 刘春学, 马娟, 洪托. 地学多源信息数字化在个旧锡矿的应用[J]. 金属矿山, 2005, 4: 50 - 52.
[330] Loughlin W P. Principal component analysis for alteration mapping [J]. Photogrammetric Engineering and Remote Sensing, 1991, 57: 1163 - 1169.
[331] Mandelbort B B. The fractal geometry of nature[M]. 上海远东出版社, 1998: 15 - 20.

[332] Fisher Y. Fractal Image Compression Theory and Application[M]. Springer-Verlag, 1994: 89 -101.

[333] Barnsley M, Jaquin A. Application of Recurrent Iterated Function System to Images[J]. SPIE Visual Communica-tions and Image Processing, 1998, 1001: 122 -131.

[334] Mohsen Ghazel, George H Freeman, Edward R Vrscay Fractal Image Denoising[J]. IEEE Transactions on Image Processing, 2003, 2(12): 1560 -1578.

[335] Sonny Novianto, Yukinori Suzuki, Junji Maeda. Near optimum estimation of local fracta ldimension for image seg-mentatio[A]. Pattern Recognition Letters[C], 2003: 365 -374.

[336] Ghosh S K, Jayanta Mukherjee, Das P P. Fractal Image Compression: A Randomized Approach [A]. Pattern Recogni-tion Letters[C], 2004: 1013 -1024.

[337] 申维. 分形理论与矿产预测[M], 北京: 地质出版社, 2002; 1 -68.

[338] 毛政利, 彭省临, 赖健清, 等. 个旧矿区东区断裂构造分形研究及成矿预测[J]. 地质找矿丛, 2004, 19(1): 17 -19.

[339] 邢帅, 郭金华, 徐青. 多源异质遥感影像的分形特征分析[J]. 测绘科学技术学报, 2006, 23(8): 254 -257.

[340] 李新中. 矿床统计预测单元划分的方法与程序[J]. 矿床地质, 1998, 17(4): 369 -375.

[341] 陈永清, 夏庆霖. 应用地质异常单元圈定矿产资源体潜在地段[J]. 地球科学——中国地质大学学报, 1999, 24(5): 459 -463.

[342] 陈石羡. 地理信息系统在金属矿产预测中的应用[J]. 地质找矿论丛, 1998, 13(1): 74 -83.

[343] 王于天. 成矿预测单元的基本概念及其划分方法[J]. 地质论评, 1990, 36(6): 24 -29.

[344] 吴红星, 陈守余. 基于 GIS 不规则单元划分及其地质信息提取系统[J]. 云南地质, 2002, 21(3): 308 -315.

[345] 张振飞, 胡光道, 曾章仁. 矿产预测中空间地质结构的定量类比——单元簇的概念及应用[J]. 地球科学——中国地质大学学报, 1999, 24(6): 661 -665.

[346] 史杏荣, 孙贞寿, 何振峰. 地球物理勘查地图数据库 GEMDB 的设计与实现[J]. 计算机工程与应用, 1999, 4: 74 -78

[347] 齐清文, 张安定. 关于多比例尺 GIS 数据库多重表达的几个问题研究[J]. 地理研究, 1999, 18(2): 161 -170.

[348] 毋河海, 龚健雅. 地理信息系统(GIS)空间数据结构与处理技术[J]. 北京: 测绘出版社, 1997

[349] Thomas Devogele. On spatiall database. Geographic Information Science, 1998, 12(4)

[350] Martinez J., Molenaar A. Aggregation hierarchies for multiple scale representations of hydrographic networks[J]. Proceeding of 17th ICA Conferences Barcerona, 1995.

[351] Rongxing Li. Data structure and application issues in 3 - D geographical information system [J]. Geomatics, 1994, 48(3): 209 -224.

[352] 刘春学, 秦德先, 党玉涛, 等. 个旧锡矿高松矿田综合信息矿产预测[J]. 地球科学进展, 2003, 18(6): 921 -926.

[353] 池顺都. 应用 GIS 圈定找矿可行地段和有利地段[J]. 地球科学——中国地质大学学报, 1998, 23(2): 125 - 128.

[354] 曹瑜, 胡光道, 杨志峰, 等. 基于 GIS 有利成矿信息的综合[J]. 武汉大学学报(信息科学版), 2003, 28(2): 167 - 176.

[355] 谢贵明, 范继璋. 吉林省珲春东部地区金矿综合信息找矿模型及找矿靶区预测[J]. 黄金科学技术, 2000, 8(5): 20 - 27.

[356] 赵鹏大, 陈永清. 基于地质异常单元金矿找矿有利地段圈定与评价[J]. 地球科学——中国地质大学学报, 1999, 24(5): 443 - 448.

[357] 闻新等. MATLAB 神经网络应用设计附[M], 北京: 科学出版社, 2000.

[358] 袁曾任. 人工神经网络及其应用[M], 北京: 清华大学出版社, 2000.

[359] 张治国. 人工神经网络及其在地学中的应用研究[D]. 长春: 吉林大学, 2006.

[360] 蒋宗礼. 人工神经网络导论[M], 北京: 高等教育出版社, 2001.

[361] 焦李成. 神经网络系统理论[M], 西安: 西安电子科技大学出版社, 1992.

[362] Hagan M T, Demuth H B and Beale M. Neural Network Design. PWSPublishing Company. 1996.

[363] 何玉彬, 李新忠. 神经网络控制技术及其应用[M]. 北京: 科学出版社, 2000.

[364] 袁曾任. 人工神经网络及其应用[M]. 北京: 清华大学出版社, 1999.

[365] 焦李成. 神经网络的应用与实现[M]. 西安: 西安电子科技大学出版社, 1996.

[366] Rumelhart D E, Hinto G E, Williams R J. Learning internal representations by error propagation in Parallel Distributed Processing [J]. Rumelhart D E, Mcclell, J L Eds. Cambridge, MA: MIT Press, 1986.

[367] G Cybenko. Approximation by Superpositions of A Sigmoidan Function [J]. Math. Contr. Signal Sys. 1989, 2(4): 303 - 314.

[368] K I Funahashi. On the Approximate Realization of Continuous Mapping by Neural Networks [J], Intel Conf, NN. 1989.

[369] K Hornik. Approximation Capabilities of Multilayer Feedforward Network. Neural Network[J] s. 1991, 4(2): 251 - 257.

[370] Giacinto. F, Roli. G and Bruzzone. L. Combination of neural and statistical algorithms for supervised classification of remote-sensing images[J]. Pattern Recognition Letters, 2000, 21: 385 - 397.

[371] Donald A. Singer, Ryoichi Kouda. Application of a feedforward neural network in the search for Kuroko deposits in the Hokuroku district, Japan [J]. Mathematical Geology, 1996, 28 (8): 1017 - 1023.

[372] Horwitz. B, Friston. K Jand Taylor, J G. [J]. Neural modeling and functional brain imaging: An overview. Neural Networks, 2000, 13: 892 - 846.

[373] Katsuaki Koike, Setsuro Matsuda, Toru Suzuki. Neural Network-Based Estimation of Principal Metal Contents in the Hokuroku District, Northern Japan, for Exploring Kuroko-Type Deposits [J]. Natural Resources Research, 2002, 11(2): 135 - 156.

[374] J M. Matías. A, Vaamonde, J, Taboada. Comparison of Kriging and Neural Networks With Application to the Exploitation of a Slate Mine [J]. Natural Resources Research, 2003, 36 (4): 463 - 486.

[375] T N. Singh, V K. Singh, S. Sinha. Prediction of Cadmium Removal Using an Artificial Neural Network and a Neuro-Fuzzy Technique [J]. Mine Water and the Environment, 2006, 25(4): 214 - 219.

[376] B Samanta, S. Bandopadhyay, R. Ganguli. Comparative Evaluation of Neural Network Learning Algorithms for Ore Grade Estimation[J]. Mathematical Geology, 2006, 38(2): 175 - 197.

[377] Donald A, Singer, Ryoichi Kouda. Typing Mineral Deposits Using Their Grades and Tonnages in an Artificial Neural Network [J]. Natural Resources Research, 2003, 11(2): 201 - 208.

[378] Xu Ji-peng, Lin Liu-lan, Hu Qing-xi. Experiments and shape prediction of plasma deposit layer using artificial neural network [J]. Journal of Shanghai University (English Edition), 2006, 10(5): 443 - 448.

[379] Warick M. Brown, Tamás D. Gedeon, David I. Groves. Use of Noise to Augment Training Data: A Neural Network Method of Mineral-Potential Mapping in Regions of Limited Known Deposit Examples [J]. Natural Resources Research, 2003, 12(2): 141 - 152.

[380] Alok Porwal, E J M. Carranza, M. Hale. Artificial Neural Networks for Mineral-Potential Mapping: A Case Study from Aravalli Province [J]. Natural Resources Research, 2003, 12 (3): 155 - 171.

[381] 杨中宝, 彭省临, 李朝艳. 基于 GIS 的人工神经网络矿产预测系统设计及应用[J]. 地球科学与环境学报, 2005, 27(1): 30 - 33.

[382] 王雄军, 彭省临, 杨斌, 等. 基于 GIS 的个旧花岗岩凹陷带空间信息成矿预测模型[J]. 高校地质学报, 2008, 14(1): 106 - 113.

图书在版编目(CIP)数据

云南老君山矿集区成矿模式及找矿预测模型/王雄军,彭省临,杨斌著.—长沙:中南大学出版社,2016.1

ISBN 978-7-5487-2243-4

Ⅰ.云... Ⅱ.①王...②彭...③杨... Ⅲ.①山-成矿模式-云南省②山-找矿-云南省 Ⅳ.①P612②P624

中国版本图书馆 CIP 数据核字(2016)第 093843 号

云南老君山矿集区成矿模式及找矿预测模型

YUNNAN LAOJUNSHAN KUANGJIQU CHENGKUANG MOSHI JI ZHAOKUANG YUCE MOXING

王雄军 彭省临 杨 斌
张建国 梁思云 张建东 著

□**责任编辑** 刘石年 胡业民
□**责任印制** 易红卫
□**出版发行** 中南大学出版社
社址:长沙市麓山南路 邮编:410083
发行科电话:0731-88876770 传真:0731-88710482
□**印　　装** 长沙超峰印刷有限公司

□**开　　本** 720×1000 1/16 □**印张** 12.25 □**字数** 242 千字
□**版　　次** 2016 年 1 月第 1 版 □**印次** 2016 年 1 月第 1 次印刷
□**书　　号** ISBN 978-7-5487-2243-4
□**定　　价** 62.00 元